素数はめぐる

循環小数で語る数論の世界

西来路文朗　　著
清水健一

装幀／芦澤泰偉・児崎雅淑
ミニチュアコラージュ製作・撮影／水島ひね
本文デザイン／あざみ野図案室

プロローグ――めぐる「142857」

　ここに，ふしぎなふるまいを見せる 6 桁の数字があります。142857 という何気ない自然数が，単純なかけ算で，面白い現象を見せてくれるのです。
　142857 に，1，2，3，4，5，6 を順にかけてみます。

$$142857 \times 1 = 142857$$
$$142857 \times 2 = 285714$$
$$142857 \times 3 = 428571$$
$$142857 \times 4 = 571428$$
$$142857 \times 5 = 714285$$
$$142857 \times 6 = 857142$$

この計算で，どのようなことが起こっているでしょうか。
　それぞれの積には 1，4，2，8，5，7 の 6 つの数字しか出てきていません。
　かけ算をする順序を変えて，

$$142857 \times 1 = 142857$$
$$142857 \times 3 = 428571$$
$$142857 \times 2 = 285714$$
$$142857 \times 6 = 857142$$
$$142857 \times 4 = 571428$$

$$142857 \times 5 = 714285$$

と並べ替えてみましょう。鮮やかに規則性が浮かび上がります。

142857を順序を変えずに巡回させると6通りの数になりますが，その6通りの数がすべて現れています。この142857の正体は何でしょうか。そして，なぜこのようなことが起こるのでしょうか。

142857には，さらにふしぎなことがあります。こんどは，142857を142と857に2等分して足してみましょう。

$$142 + 857 = 999$$

と答えに9が並びます。

142857に，2，3，4，5，6をかけてできた数でも，同じ現象が起こります。

$$285 + 714 = 999$$
$$428 + 571 = 999$$
$$571 + 428 = 999$$
$$714 + 285 = 999$$
$$857 + 142 = 999$$

と，すべて和が999になっています。

なぜこのようなことが起こるのでしょうか。

こんどは，142857を14と28と57に3等分して足してみましょう。

$$14 + 28 + 57 = 99$$

と和に 9 が並びます。

さらに，142857 を 1，4，2，8，5，7 に 6 等分して足してみましょう。9 になるでしょうか。

$$1+4+2+8+5+7=27$$

となって，残念ながら 9 にはなりません。自然数を 6 個も足すのですから，9 にならないのは自然なことかもしれません。しかし，この足し算をもう 1 回繰り返し，27 の各位の数を足すと，

$$2+7=9$$

となります。142857 の 6 等分も 9 に関係しています。

なぜこのようなことが起こるのでしょうか。

これらの疑問を出発点として，数のふしぎな世界を探求してみましょう。

まえがき

　本書は，循環小数をテーマにして，数学の面白さや奥深さを紹介するものです。循環小数のような簡単な対象で1冊の本になるのだろうか，と思われるかもしれません。しかし，1冊ではとても足りないほどの数論の世界が，循環小数の周辺に存在しているのです。本書を読み進むうちに，循環小数が見せる現象の面白さと奥深さに驚かれることと思います。

　私たちは循環小数を通して，素数が引き起こす数のふしぎな現象に出会います。何が起こっているのかを確かめ，他の場合はどうだろうと例を探し，どうしてだろうと理由を考えます。いろいろな角度から現象を分析するうちに，本質が磨かれ，美しい定理にめぐり逢います。読者のみなさん個々の発見もあるかもしれません。自分で問題を見出して，新たな探究が始まるかもしれません。

　前著『素数が奏でる物語』では，2つの等差数列によって見えてくる素数のふしぎを紹介しました。本書『素数はめぐる』では，「ダイヤル数」と呼ばれる142857のような数が水先案内人です。$\dfrac{1}{7}$ を

$$\frac{1}{7} = 0.142857142857142857\cdots$$

と小数で表すと，142857が現れます。ダイヤル数は，分数や循環小数という親しみやすい対象と結びついています。

このダイヤル数から，どのような素数のふしぎがひろがっていくのでしょうか．

　ダイヤル数の周辺には，からくりがすぐにわかる素数のふしぎだけでなく，現在なお未解決の素数のふしぎもひそんでいます．分数や循環小数に関する問題に，まだわかっていない問題があることは驚きです．本書で紹介する定理の背後には，オイラーやガウスが発見した数論の大定理が横たわっています．読み進めていくうちに，深遠な素数の法則性に出会うことになります．

　第Ⅰ部の第1章から第4章では，$\dfrac{1}{7}$ から出発して，循環小数のふしぎな現象を紹介します．ダイヤル数やミディの定理に出会います．

　第Ⅱ部の第5章から第8章では，$\dfrac{1}{13}$ から出発して数の織りなす美しい法則性を紹介します．ラグランジュの定理やフェルマーの小定理に出会います．

　第Ⅲ部の第9章から第11章では分母が素数の分数 $\dfrac{1}{p}$ 全体を扱い，数のもつ深遠な理論に触れます．オイラーやガウスによる平方剰余の相互法則に出会います．

　本書は，循環小数に現れる現象のふしぎさや面白さを読者のみなさんにわかりやすく伝えられるように書きました．そして，これらの興味深い現象がなぜ起こるのかを知りたい読者のために，可能なかぎり証明をつけています．現象の紹介を目で追ってもらえればいいですし，さらに，ペンをとって自分で計算をしたり，電卓を使って計算を確認したりしながら読み進めれば，ますます面白さが深まってくると思い

ます。
　最初に通読するとき，証明が難しく感じられるようでしたら，証明にこだわらず，現象の面白さを味わいながら読んでいただきたいと願っています。
　では，循環小数のふしぎを通じて見える素数の個性，そしてその背後にある数論の世界をお楽しみください。

　本書を出版するにあたり，講談社ブルーバックス出版部の倉田卓史氏および出版部の方々には，丁寧に原稿を読んでいただき，数々の貴重なアドバイスをいただきました。心より感謝申し上げます。

もくじ

プロローグ── めぐる「142857」 　　3

まえがき 　　6

第 I 部　ダイヤル数「142857」のふしぎ　　13

第1章　$\dfrac{1}{7}$ のふしぎ　～循環小数の世界　　14

- **1.1**　巡回する 142857　　14
- **1.2**　9 が整列するなぞ　　24

第2章　$\dfrac{1}{17}$ のふしぎ　～素数の逆数の個性　　28

- **2.1**　ダイヤル数をまわせ！　　28
- **2.2**　142 + 857 = 999 の秘密　　35
- **2.3**　「余り」に注目せよ　　39
- **2.4**　14 + 28 + 57 は難しい　　44
- **2.5**　小数と分数のふしぎな関係　　47

第3章	$\dfrac{1}{11}$ のふしぎ 〜 10^n-1 の素因数の法則	52
3.1	商の列と余りの列	52
3.2	$1 \div p$ の余りに 1 が現れる意味	55
3.3	$10^n - 1$ の素因数	57
3.4	$10^n + 1$ の素因数	62

第4章	2等分和と3等分和のなぞとき	68
4.1	142 + 857 = 999 のなぞとき	68
4.2	巡回の意味	72
4.3	14 + 28 + 57 = 99 のなぞとき	75
コラム	10 進法	81

第II部 スウィングする2つの循環節 85

第5章	$\dfrac{1}{13}$ のふしぎ 〜 2種類の循環節	86
5.1	スウィングする 076923 と 153846	90

| 5.2 | スウィングする分数 | 94 |
| 5.3 | 2倍のふしぎ | 97 |

第6章 循環節を回す6のふしぎ 105

| 6.1 | ラグランジュの定理 | 105 |
| 6.2 | 6倍のふしぎ | 111 |

第7章 $\dfrac{1}{19}$ のふしぎ 〜循環節に現れる数字 120

7.1	循環節の1の位	120
7.2	循環節と等比数列〜逆順に求まるふしぎ	126
7.3	$\dfrac{1}{61}$ のふしぎ	132

第8章 $\dfrac{1}{81}$ のふしぎ 〜分母が合成数になると… 141

8.1	有限小数と循環小数	141
8.2	分母の素因数分解	145
8.3	$\dfrac{1}{81}$ のふしぎ	149
コラム	小数の歴史	158

第III部 数論の大法則と循環小数　161

第9章　$\dfrac{1}{13}$ のもうひとつのふしぎ　〜オイラーの規準　162

- 9.1　平方剰余と平方非剰余　164
- 9.2　$1 \div p$ の余りと e 乗剰余　171
- 9.3　原始根とは何か？　177

第10章　平方剰余と循環小数　185

- 10.1　$10^m \pm 1$ の素因数　185
- 10.2　平方剰余の相互法則　199

第11章　4乗剰余と循環小数　205

- 11.1　フェルマーの平方和定理　206
- 11.2　4乗剰余の相互法則　215
- 11.3　素数はめぐりつづける　217

エピローグ —— 2003 はめぐる　222

関連図書　230

さくいん　232

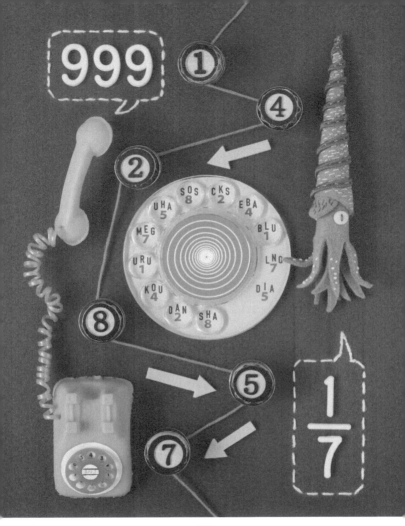

第 I 部

ダイヤル数「142857」のふしぎ

第1章 $\frac{1}{7}$ のふしぎ 〜循環小数の世界

1.1 巡回する 142857

プロローグで紹介したように，142857 という 6 桁の数字には非常にふしぎな性質がありました。

> $142857 \times a$ $(a = 1, 2, \cdots, 6)$ の値は 142857 を巡回させた数になる。

この 142857 の性質は，どこからきているのでしょう。

実は，142857 には，素数 7 が関係しています。**素数**とは，1 と自分自身以外に約数をもたない自然数です。たとえば，10 以下の自然数では，2，3，5，7 が素数です。

142857 は，$\frac{1}{7}$ を小数で表したときに現れる数になります。

$\frac{1}{7}$ を小数で表してみましょう。

第1章　$\frac{1}{7}$ のふしぎ 〜循環小数の世界

```
         0. 1 4 2 8 5 7
     7 ) 1. 0
         7
         ─────
           3 0
           2 8
           ─────
             2 0
             1 4
             ─────
               6 0
               5 6
               ─────
                 4 0
                 3 5
                 ─────
                   5 0
                   4 9
                   ─────
                     1
```

余りが1になったので，以後は初めと同じ計算が繰り返され，商も142857が繰り返されます。

つまり，ふしぎな数142857の正体は，$\frac{1}{7}$ を小数で表したときに繰り返される数であることがわかりました。142857のふしぎな性質は，素数7のもっている性質であるといえます。

7の逆数は

$$\frac{1}{7} = 0.142857142857142857142857\cdots$$

となって，142857が繰り返されます。このように，同じ数の列が繰り返される小数は**循環小数**，繰り返される部分は**循環節**と呼ばれています。つまり，142857は $\frac{1}{7}$ を小数で表したときの循環節であったわけです。

循環小数を書くとき，どこからどこまでが循環節かがよく

わかるように，

$$\frac{1}{7} = 0.142857142857142857142857\cdots = 0.\dot{1}4285\dot{7}$$

のように，循環節の最初と最後の数字の上にドットをつけて表すことにします。

なお，本書では，特に断らないかぎり，小数も分数も 1 未満の数とします。

次に，分子を 1 以外の数にしてみます。

$\dfrac{2}{7}, \dfrac{3}{7}, \dfrac{4}{7}, \cdots$ を小数で表すと，どのようになるでしょうか。

分子が 6 までを計算すると

$$\frac{2}{7} = 0.\dot{2}8571\dot{4} = 0.285714285714285714\cdots$$

$$\frac{3}{7} = 0.\dot{4}2857\dot{1} = 0.428571428571428571\cdots$$

$$\frac{4}{7} = 0.\dot{5}7142\dot{8} = 0.571428571428571428\cdots$$

$$\frac{5}{7} = 0.\dot{7}1428\dot{5} = 0.714285714285714285\cdots$$

$$\frac{6}{7} = 0.\dot{8}5714\dot{2} = 0.857142857142857142\cdots$$

となって，すべて循環小数になり，循環節は順に

285714,　　428571,　　571428,　　714285,　　857142

となります。そして，この循環節をよく見ると，142857 が

巡回していて，それぞれ

$142857×2$, $142857×3$, $142857×4$, $142857×5$, $142857×6$

に等しくなっています。このことから，

> $142857 \times a$ と $\dfrac{a}{7}$ ($a = 1, 2, \cdots, 6$) の循環節が等しい

ということがいえそうです。

このことの理由を考えてみましょう。

142857 を巡回させた

$$142857 = 142857 \times \mathbf{1}$$
$$428571 = 142857 \times \mathbf{3}$$
$$285714 = 142857 \times \mathbf{2}$$
$$857142 = 142857 \times \mathbf{6}$$
$$571428 = 142857 \times \mathbf{4}$$
$$714285 = 142857 \times \mathbf{5}$$

の右辺でかけている数

$$1, 3, 2, 6, 4, 5$$

が，この順に積み算

```
          0.1 4 2 8 5 7
      7 ) 1.0
          7
          ─────
          3 0
          2 8
          ─────
            2 0
            1 4
            ─────
              6 0
              5 6
              ─────
                4 0
                3 5
                ─────
                  5 0
                  4 9
                  ─────
                    1
```

の余りとして現れています。

142857の巡回は，1÷7の割り算と関係がありそうです。

1÷7の計算で商に現れる数は

$$0, 1, 4, 2, 8, 5, 7, \cdots$$

で，1÷7の計算で余りに現れる数は

$$1, 3, 2, 6, 4, 5, 1, \cdots$$

です。

1÷7の割り算で大切なことは，たとえば余りが3になった後の計算は，3÷7を計算するのと同じであるということです。実際に計算すると，

第1章 $\frac{1}{7}$ のふしぎ 〜循環小数の世界

```
      0.4 2
  7)3.0
    2 8
    ――――
      2 0
      1 4
      ――――
        6
        ・・・
```

となり，$3 \div 7$ の商の列

$$0, 4, 2, 8, 5, 7, 1, \cdots$$

は，最初の 0 に続けて，$1 \div 7$ の商の列の 4 以降の数を並べた列になります。

このことは，素数 p について一般に成り立ちます。

> $1 \div p$ の計算において余りが a になれば，その後の計算は，$a \div p$ の計算と同じになる。

このように考えると，$142857 \times a$ $(a = 1, 2, \cdots, 6)$ を計算することと，$\frac{a}{7}$ $(a = 1, 2, \cdots, 6)$ を小数で表し，循環節を計算することは同じであることがわかります。

循環節 142857 を求める $1 \div 7$ の余りの列に，7 未満のすべての自然数

$$1, 2, \cdots, 6$$

が現れていることが，

> $142857 \times a$ $(a = 1, 2, \cdots, 6)$ の値は 142857 を巡回させた数になる。

が成り立つ理由です。

このことは，一般に $\dfrac{1}{p}$ で成り立ちます。

> $1 \div p$ の余りの列に p 未満の自然数がすべて現れるとき，$\dfrac{1}{p}$ の循環節に 1 から $p-1$ の数をかけると循環節が巡回する。

なぜなら，$1 \div p$ の計算において余りに a が現れれば，その後の計算は，$a \div p$ の計算と同じになり，$\dfrac{1}{p}$ の循環節の a 倍と $\dfrac{a}{p}$ の循環節が等しくなるからです。

142857 に 1 から 6 までかけると，142857 が巡回しました。順序を変えない巡回の仕方は 6 通りしかないので，1 から 6 までの積ですべての巡回が終了しています。では，

142857 に 7 をかけるとどうなるでしょうか。

実際に計算すると

$$142857 \times 7 = 999999$$

となって，意外な結果が現れました。この現象が起こる理由を考えてみます。

$$\dfrac{1}{7} \times 7 = 0.\dot{1}4285\dot{7} \times 7 = 0.142857142857142857\cdots \times 7$$

で，一方

$$\dfrac{1}{7} \times 7 = 1 = 0.\dot{9} = 0.999999999999999999\cdots$$

であることから

$$142857 \times 7 = 999999$$

が成り立つことがうなずけます。

ではさらに，142857 に 7 より大きい数をかけてみます。

> **142857 に 8，9，10，11，12，13 をかけるとどうなるでしょうか。**

まず，計算してみます。

$$142857 \times 8 = 1142856$$
$$142857 \times 9 = 1285713$$
$$142857 \times 10 = 1428570$$
$$142857 \times 11 = 1571427$$
$$142857 \times 12 = 1714284$$
$$142857 \times 13 = 1857141$$

この計算で，どのようなことが起こっているでしょうか。

桁数が異なるので 142857 は巡回していませんが，それぞれ先頭の 1 を除くと，

142856，285713，428570，571427，714284，857141

となります。1 の位に 1 を足すと，巡回していた数が復活します。1000000 を引いて 1 を足すということは，999999 を引くことになるので，999999 を引くと，

$$1142856 - 999999 = 142857$$
$$1285713 - 999999 = 285714$$
$$1428570 - 999999 = 428571$$
$$1571427 - 999999 = 571428$$
$$1714284 - 999999 = 714285$$
$$1857141 - 999999 = 857142$$

と，142857 を巡回させた数が鮮やかに現れます。

このように，$142857 \times a$ ($a = 8, 9, \cdots, 13$) についても，999999 を引くことで，142857 の巡回が起こっています。

ここまで，142857 を 2 倍，3 倍，4 倍，$\cdots$ としたときに現れる現象を見てきました。では，

> **142857 を素数 2, 3, 5, $\cdots$ で割ると，同じように興味ある現象が現れるでしょうか。**

割り算をしてみます。2 で割ると

$$142857 \div 2 = 71428.5$$

となって，ふたたび 142857 が巡回しています。3 で割ると

$$142857 \div 3 = 47619$$

となります。残念ながら，こんどは 142857 が巡回していません。割り算は，かけ算と同じようにはならないようです。

次に 5 で割ってみると

$$142857 \div 5 = 28571.4$$

第1章 $\frac{1}{7}$ のふしぎ 〜循環小数の世界

となって,また 142857 が巡回しています。ここにどのような法則があるのでしょうか。

2と5で割ると,142857 が巡回する理由は,少し考えるとわかります。142857 が $\frac{1}{7}$ の循環節なので,$\frac{1}{7}$ を2で割ってみます。2は10を割り切るので,2で割ることは $\frac{5}{10}$ をかけることと同じです。

$$\begin{aligned}\frac{1}{7} \div 2 &= \frac{1}{7} \times \frac{1}{2} \\ &= \frac{1}{7} \times \frac{5}{10} \\ &= \frac{5}{7} \times \frac{1}{10}\end{aligned}$$

となるので,$142857 \div 2$ は $\frac{5}{7}$ の循環節 714285 を10で割ったものになって,71428.5 になることがわかります。

同じように考えて,$142857 \div 5$ は

$$\begin{aligned}\frac{1}{7} \div 5 &= \frac{1}{7} \times \frac{1}{5} \\ &= \frac{1}{7} \times \frac{2}{10} \\ &= \frac{2}{7} \times \frac{1}{10}\end{aligned}$$

となるので,$142857 \div 5$ は $\frac{2}{7}$ の循環節 285714 を10で割ったものになって,28571.4 になることがわかります。

しかし,$142857 \div 3$ は,3が10を割り切らないので,3で割ることは分母が10の分数をかけることになりません。

$\dfrac{1}{7} \times \dfrac{1}{3} = \dfrac{1}{21}$ を考えることになるため，ようすが異なります。

次節で，142857 のふしぎをさらにながめてみます。

1.2 9が整列するなぞ

プロローグで紹介したように，142857 を 142 と 857 に 2 等分して足すと

$$142 + 857 = 999$$

となって，9 が並びました。これは 142857 だけに特有の性質ではなく 142857 に 1, 2, 3, 4, 5, 6 をかけた 6 通りの巡回する数，142857 以外の 285714, 428571, ⋯ でも同じ現象が起こりました。

$$142 + 857 = 999$$
$$285 + 714 = 999$$
$$428 + 571 = 999$$
$$571 + 428 = 999$$
$$714 + 285 = 999$$
$$857 + 142 = 999$$

と，すべて和が 999 になります。

また，142857 を 14 と 28 と 57 に 3 等分して足すと

$$14 + 28 + 57 = 99$$

となって，やはり 9 が並びました。では，

> **142857 を巡回させた数についても 3 等分して足すと，99 となるのでしょうか。**

計算すると，$142857 \times 2 = 285714$ について

$$28 + 57 + 14 = 99$$

となりますが，$142857 \times 3 = 428571$ については

$$42 + 85 + 71 = 198$$

となって，99 になりません。2 等分とは事情が少し異なるようです。残りの数も続けて計算しましょう。

$$57 + 14 + 28 = 99$$
$$71 + 42 + 85 = 198$$
$$85 + 71 + 42 = 198$$

このように，3 等分して足すと，和は 99 か 198 になり，それぞれ同数ずつあります。そして，$198 = 99 \times 2$ です。

> **142857 を 6 等分して足すと，9 となるのでしょうか。**

142857 は 6 桁の数なので，1, 4, 2, 8, 5, 7 に 6 等分できます。6 等分して足すと

$$1 + 4 + 2 + 8 + 5 + 7 = 27$$

となって，9 は並びません。しかし，27 を 2 等分して足すと

$$2+7=9$$

となって，ふたたび 9 が現れます。

どうしてこのような現象が起こるのでしょうか。

2 等分和，3 等分和，6 等分和のうち，6 等分和については説明ができます。142857 の 6 等分和 $1+4+2+8+5+7$ は，自然数 142857 の各位の数の和になるからです。

自然数の各位の数の和は，9 の倍数の判定条件に関係します。

たとえば，100 の位が a，10 の位が b，1 の位が c の 3 桁の数は $100a+10b+c$ であり，

$$100a+10b+c = 9(11a+b)+(a+b+c)$$

を満たすので，この 3 桁の数が 9 の倍数であることと，9 が各位の数の和 $a+b+c$ を割り切ることが同値になります。一般に 9 の倍数の判定条件は，

　　各位の数の和が 9 で割り切れること

になります。

2 桁以上の自然数の各位の数の和はもとの数より小さくなるので，9 の倍数の判定条件は，

　　各位の数の和を繰り返し求めると 9 になること

といいかえられます。142857 は 9 の倍数です。したがって，各位の数の和を繰り返し求めると，いずれ 9 になります。

142857 の 6 等分和のふしぎは，これで解決しました。では，142857 の 2 等分和，3 等分和に現れた現象はどうして

起こるのでしょうか。$\frac{1}{7}$ 以外の素数の逆数 $\frac{1}{p}$ でも，同じようにふしぎな現象が起こるのでしょうか。

　次章以降では，$\frac{1}{7}$ 以外の循環節も紹介しながら，これらのなぞを解き明かしていきます。そして，$\frac{1}{p}$ の世界をより深く探っていくことにしましょう。

第2章 $\dfrac{1}{17}$ のふしぎ 〜素数の逆数の個性

$\dfrac{1}{7}$ の循環節 142857 には，さまざまなふしぎな性質がありました。では，$p=7$ 以外の素数 p の逆数 $\dfrac{1}{p}$ の循環節にも，ふしぎな性質があるのでしょうか。この章で調べていきましょう。

2.1 ダイヤル数をまわせ！

$\dfrac{1}{7}$ の循環節は 2 倍，3 倍，$\cdots$，6 倍すると，142857 の 6 つの数字が順序を変えずに巡回しました。このような性質をもった数を**ダイヤル数**と呼びましょう。

> ダイヤル数は，$\dfrac{1}{7}$ の循環節 142857 の他にも存在するのでしょうか。

1.1 節で見たように，$\dfrac{1}{p}$ の循環節がダイヤル数になるためには，$1 \div p$ の余りの列に p 未満の自然数がすべて現れることが必要でした。

7 より大きい素数 p の逆数 $\dfrac{1}{p}$ を順に調べてみます。

$p=11$ のとき，

第 2 章 $\frac{1}{17}$ のふしぎ 〜素数の逆数の個性

```
         0.0 9
   11 ) 1.0
         0
         1 0 0
           9 9
             1
```

となり,

$$\frac{1}{11} = 0.\dot{0}\dot{9} = 0.09090909\cdots$$

となります。循環節は 09 です。割り算の余りには 10 と 1 しか現れないので,09 はダイヤル数になりません。

実際に,

$$09 \times 1 = 09$$
$$09 \times 2 = 18$$

となって,09 は巡回していません。

$p = 13$ のとき,

```
          0.0 7 6 9 2 3
   13 ) 1.0
         0
         1 0 0
           9 1
             9 0
             7 8
             1 2 0
             1 1 7
                 3 0
                 2 6
                   4 0
                   3 9
                     1
```

となり，

$$\frac{1}{13} = 0.\dot{0}7692\dot{3} = 0.076923076923076923\cdots$$

となります．循環節は 076923 です．割り算の余りには 10, 9, 12, 3, 4, 1 が現れますが，2, 5, 6, 7, 8, 11 は現れません．したがって，076923 はダイヤル数になりません．

実際に，

$$076923 \times 1 = 076923$$
$$076923 \times 2 = 153846$$

となって，076923 は巡回していません．

続いて，$p = 17$ のときを考えましょう．積み算を書くのは大変なので，次のように，途中の割り算の式を書きます．

	商	余り
$1 \div 17 =$	0 $\cdots$	1
$10 \div 17 =$	0 $\cdots$	10
$100 \div 17 =$	5 $\cdots$	15
$150 \div 17 =$	8 $\cdots$	14
$140 \div 17 =$	8 $\cdots$	4
$40 \div 17 =$	2 $\cdots$	6
$60 \div 17 =$	3 $\cdots$	9
$90 \div 17 =$	5 $\cdots$	5
$50 \div 17 =$	2 $\cdots$	16
$160 \div 17 =$	9 $\cdots$	7
$70 \div 17 =$	4 $\cdots$	2

第 2 章 $\frac{1}{17}$ のふしぎ 〜素数の逆数の個性

$$
\begin{aligned}
20 \div 17 &= 1 \cdots 3 \\
30 \div 17 &= 1 \cdots 13 \\
130 \div 17 &= 7 \cdots 11 \\
110 \div 17 &= 6 \cdots 8 \\
80 \div 17 &= 4 \cdots 12 \\
120 \div 17 &= 7 \cdots 1
\end{aligned}
$$

$$
\begin{aligned}
\frac{1}{17} &= 0.\dot{0}588235294117647\dot{} \\
&= 0.05882352941176470588235294117647\cdots
\end{aligned}
$$

となって,循環節は 0588235294117647 です。割り算の余りに 1 から 16 までの数がすべて現れるので 0588235294117647 はダイヤル数です。

実際に,

$$0588235294117647 \times 1 = \mathbf{0588235}294117647$$
$$0588235294117647 \times 2 = 117647\mathbf{0588235}294$$

となって,確かに **0588235**294117647 が順序を変えずに巡回しています(見やすくするために 05882352 を太字にしています)。

このあとも巡回が起こっているのかを確認すると,

$$0588235294117647 \times 3 = 1764\mathbf{05882352}941$$
$$0588235294117647 \times 4 = \mathbf{2352}941176470588$$
$$0588235294117647 \times 5 = 2941176470588235$$

$$\cdots$$

となって,確かに 16 桁の数 **0588235294117647** が順序を変えずに巡回しています。

今まで述べてきたように,$\frac{1}{p}$ の循環節がダイヤル数になるのは,$1 \div p$ の余りの列に 1 から $p-1$ までのすべての数が現れることが条件でした。そしてこのことは,$\frac{1}{p}$ の循環節が $p-1$ 桁の数になることと同じです。循環節の桁数は,**循環節の長さ**と呼ばれています。

$\frac{1}{p}$ の循環節がダイヤル数になるための条件は,循環節の長さが $p-1$ となることである。

ここまで説明した範囲で,$\frac{1}{p}$ の循環節がダイヤル数になっているのは,$p = 7, 17$ の場合でした。ここで,次の疑問が浮かびます。

> どのような素数 p に対して,$\frac{1}{p}$ の循環節がダイヤル数になるのでしょうか。

実際に 100 以下の素数 p について,$\frac{1}{p}$ の循環節の長さ d を計算してみると,

第 2 章 $\frac{1}{17}$ のふしぎ 〜素数の逆数の個性

p	2	3	5	7	11	13	17	19	23
d	−	1	−	6	2	6	16	18	22
p	29	31	37	41	43	47	53	59	61
d	28	15	3	5	21	46	13	58	60
p	67	71	73	79	83	89	97		
d	33	35	8	13	41	44	96		

(2.1)

となります。$p = 2, 5$ は，

$$\frac{1}{2} = 0.5, \quad \frac{1}{5} = 0.2$$

となり，逆数が循環小数になりません。そのため，$p = 2, 5$ の欄を「−」と表しています。以下，特に断らないかぎり，素数 p は 2 でも 5 でもない素数とします。

循環節の長さが $p - 1$ となる 100 以下の素数 p は，

$$7, \ 17, \ 19, \ 23, \ 29, \ 47, \ 59, \ 61, \ 97$$

の 9 個です。これらの素数 p に対して，$\frac{1}{p}$ の循環節がダイヤル数になります。実際に，

$$\frac{1}{7} = 0.\dot{1}4285\dot{7}$$

$$\frac{1}{17} = 0.\dot{0}58823529411764\dot{7}$$

$$\frac{1}{19} = 0.\dot{0}5263157894736842\dot{1}$$

$$\frac{1}{23} = 0.\dot{0}434782608695652173913\dot{}$$

$$\frac{1}{29} = 0.\dot{0}344827586206896551724137793\dot{1}$$

$$\frac{1}{47} = 0.\dot{0}212765957446808510638297872340425531914$$
$$893617\dot{}$$

$$\frac{1}{59} = 0.\dot{0}169491525423728813559322033898305084745$$
$$7627118644067799 6\dot{1}$$

$$\frac{1}{61} = 0.\dot{0}163934426229508196721311475409836065573$$
$$77049180327868852459\dot{}$$

$$\frac{1}{97} = 0.\dot{0}103092783505154639175257731958762886597$$
$$9381443298969072164948453608247422680412$$
$$3711340206185567\dot{}$$

となります。

このように，循環節がダイヤル数になる素数を見出すことはできますが，どのような素数に対して，その逆数の循環節がダイヤル数になるかという疑問に対する答えはわかっていません。つまり，$\frac{1}{p}$ の循環節がダイヤル数になるかどうかを決定する法則は見出されていません。原則として，実際に割り算をするほかないのです。

では，さらに

> **ダイヤル数は無数に存在するでしょうか。**

という疑問が起こってきます。実は，この疑問も現在なお，未解決の難問なのです。

ダイヤル数は，分数や循環小数という親しみのある対象と結びついています。使っている計算も，四則演算でわかりやすい対象です。今まで見てきた循環節についての現象は興味深いものですが，その現象が起きる理由は，そんなに難しいものではなく，少し考えれば，そのからくりは解明できました。このような循環節に関する問題に，現在なお未解決の問題があるというのは驚きです。そして，この驚きが，数学の魅力であり，数の真理を探求する原動力です。

さらに循環節の性質を探求していきますが，その過程で，しだいに小数の世界にひそんでいる深い事実に出会っていくことになります。

2.2 $142 + 857 = 999$ の秘密

$\frac{1}{7}$ の循環節 142857 を 2 等分して足すと

$$142 + 857 = 999$$

となって，9 が並びました。この性質は 142857 だけにとどまらず，142857 を巡回させた数すべてについても成り立つのでした。

つまり，

$$285 + 714 = 999$$
$$428 + 571 = 999$$
$$571 + 428 = 999$$
$$714 + 285 = 999$$
$$857 + 142 = 999$$

が成り立ちます。

このように巡回させた数についても成り立つ理由は，142＋857 = 999 の計算において繰り上がりが起こらず，

$$1+8=9, \quad 4+5=9, \quad 2+7=9$$

が成り立っているからです。142857 を巡回させた数の 2 等分の和は，1 の位，10 の位，100 の位と位ごとに見ると，上の 3 つの足し算を並べ替えたものになります。

では，

> この現象は，ダイヤル数に特有の性質でしょうか。

142857 の次のダイヤル数 0588235294117647 について，調べてみます。このダイヤル数は $\frac{1}{17}$ の循環節です。2 等分して足すと，

$$05882352 + 94117647 = 99999999$$

となって，確かに 9 が並びます。では，0588235294117647 を巡回させた数についても，2 等分して足すと 9 が並ぶのでしょうか。実際に確かめてみましょう。

$$58823529 + 41176470 = 99999999$$
$$88235294 + 11764705 = 99999999$$
$$82352941 + 17647058 = 99999999$$
$$23529411 + 76470588 = 99999999$$
$$35294117 + 64705882 = 99999999$$

$$52941176 + 47058823 = 99999999$$
$$29411764 + 70588235 = 99999999$$
$$94117647 + 05882352 = 99999999$$
$$41176470 + 58823529 = 99999999$$
$$11764705 + 88235294 = 99999999$$
$$17647058 + 82352941 = 99999999$$
$$76470588 + 23529411 = 99999999$$
$$64705882 + 35294117 = 99999999$$
$$47058823 + 52941176 = 99999999$$
$$70588235 + 29411764 = 99999999$$
$$05882352 + 94117647 = 99999999$$

となって，見事に 9 が並びます．

巡回させた数についても成り立つのは，$05882352 + 94117647 = 99999999$ の計算において繰り上がりが起こらず，

$$0+9=9, \quad 5+4=9, \quad 8+1=9, \quad 8+1=9$$
$$2+7=9, \quad 3+6=9, \quad 5+4=9, \quad 2+7=9$$

が成り立つからです．

では，$\frac{1}{11}$ の循環節 09 についてはどうでしょうか．2 等分して足すと，

$$0+9=9$$

となって成り立っています．

$\dfrac{1}{13}$ の循環節 076923 についてはどうでしょう。

$$076 + 923 = 999$$

となって、やはり 9 が並びます。この場合も繰り上がりが起こらず、

$$0+9=9, \quad 7+2=9, \quad 6+3=9$$

が成り立っているので、076923 を巡回させた数についても

$$769 + 230 = 999$$
$$692 + 307 = 999$$
$$923 + 076 = 999$$
$$230 + 769 = 999$$
$$307 + 692 = 999$$

と、9 が並びます。

循環節を 2 等分して足すと 9 が並ぶ現象は、ダイヤル数に限らないようです。

循環節の長さが偶数であれば 2 等分できますが、その和にはいつも 9 が並ぶのでしょうか。

念のために、循環節がダイヤル数でない例で、もうひとつ確かめてみます。$p = 13$ の次に循環節の長さが偶数でダイヤル数でないのは、$p = 73$ です。

$$\frac{1}{73} = 0.\dot{0}1369863\dot{3} = 0.013698630136986301369863\cdots$$

となって，循環節は 01369863 です。

$$0136 + 9863 = 9999$$
$$1369 + 8630 = 9999$$
$$3698 + 6301 = 9999$$
$$6986 + 3013 = 9999$$
$$9863 + 0136 = 9999$$
$$8630 + 1369 = 9999$$
$$6301 + 3698 = 9999$$
$$3013 + 6986 = 9999$$

となって，9 が並びます。

やはり，$\frac{1}{p}$ の循環節の長さが偶数であれば，循環節を 2 等分して足すと 9 が並ぶようです。

2.3 「余り」に注目せよ

このようなふしぎなことが，なぜ起こるのでしょうか。その理由を探ってみます。

$1 \div 7$ の商の列は，

$$(0,) \ 1, \ 4, \ 2, \ 8, \ 5, \ 7$$

であり，余りの列は

$$(1,) \ 3, \ 2, \ 6, \ 4, \ 5, \ 1$$

でした。( )の中は，$1 \div p$ の計算に最初に現れる商 0 と余り 1 です。( )の中の数を第 0 項として，次の数 1 と 3 を第 1 項，その次の数 4 と 2 を第 2 項，… と番号をつけることにします。

$$142 + 857 = 999$$

は，商の列で見ると第 1 項の 1 と第 4 項の 8 の和 $1+8$，第 2 項の 4 と第 5 項の 5 の和 $4+5$，第 3 項の 2 と第 6 項の 7 の和 $2+7$ が，すべて 9 であることに対応しています。

余りの列に規則性はないでしょうか。同様に，第 1 項の 3 と第 4 項の 4 の和，第 2 項の 2 と第 5 項の 5 の和，第 3 項の 6 と第 6 項の 1 の和を考えると，

$$3 + 4 = 7$$
$$2 + 5 = 7$$
$$6 + 1 = 7$$

となっています。

余りの列に着目すると，7 が並びました。

他の素数についても調べてみましょう。

$1 \div 11$ の余りの列は，

$$(1,)\ 10,\ 1$$

です。

$$10 + 1 = 11$$

が成り立っています。

第 2 章　$\frac{1}{17}$ のふしぎ 〜素数の逆数の個性

$1 \div 13$ の余りの列は,

$$(1,) \ 10, \ 9, \ 12, \ 3, \ 4, \ 1$$

です。

$$10 + 3 = 13, \quad 9 + 4 = 13, \quad 12 + 1 = 13$$

が成り立っています。

$1 \div 17$ の余りの列は,

$(1,) \ 10, \ 15, \ 14, \ 4, \ 6, \ 9, \ 5, \ 16, \ 7, \ 2, \ 3, \ 13, \ 11, \ 8, \ 12, \ 1$

です。

$10 + 7 = 17, \quad 15 + 2 = 17, \quad 14 + 3 = 17, \quad 4 + 13 = 17$
$6 + 11 = 17, \quad 9 + 8 = 17, \quad 5 + 12 = 17, \quad 16 + 1 = 17$

が成り立っています。

余りの列を前半と後半に 2 等分して同じ位置にある数を足すと，分母の素数に等しくなるようです。

> これらの余りの列の関係式と商の列の関係式は，どのような関係にあるのでしょうか。

$1 \div 7$ の割り算を思い出しましょう。

$$1 = 7 \times 0 + 1 \qquad \cdots\cdots ①$$
$$10 = 7 \times q_1 + \mathbf{3} \qquad \cdots\cdots ②$$
$$30 = 7 \times q_2 + 2$$
$$20 = 7 \times q_3 + 6 \qquad \cdots\cdots ④$$
$$60 = 7 \times q_4 + \mathbf{4} \qquad \cdots\cdots ⑤$$
$$40 = 7 \times q_5 + 5$$
$$50 = 7 \times q_6 + 1$$

説明のために,商は文字でおきます.

ここで,たとえば,式 ① の余りの 1 と式 ④ の余りの 6 を足すと 7 になります.また,式 ② の余りの 3 と式 ⑤ の余りの 4 を足すと 7 になります.同様に $2+5=7$, $6+1=7$ です.これらのことは,$q_1 + q_4$ の値にどう影響するでしょうか.

式 ② と式 ⑤ を辺々足してみます.

$$10 + 60 = (7 \times q_1 + 7 \times q_4) + (3 + 4) \qquad (2.2)$$

となります.ここで左辺は 70 ですが,これは式 ① の余り 1 と式 ④ の余り 6 を 10 倍して足した結果です.

$$70 = 10 + 60 = 10 \times 1 + 10 \times 6 = 10 \times (1 + 6)$$

余りの和 $1+6=7$ が反映されています.(2.2) より,

$$10 \times 7 = 7 \times (q_1 + q_4) + 7$$

となって,両辺を 7 で割ると

$$10 = (q_1 + q_4) + 1$$

第 2 章 $\frac{1}{17}$ のふしぎ 〜素数の逆数の個性

が得られ,
$$q_1 + q_4 = 9$$
が導かれます。同様にして,$q_2 + q_5 = 9$, $q_3 + q_6 = 9$ も示されます。

余りの列の関係式
$$1 + 6 = 7, \quad 3 + 4 = 7, \quad 2 + 5 = 7$$
がわかれば,商の列の関係式
$$q_1 + q_4 = 9, \quad q_2 + q_5 = 9, \quad q_3 + q_6 = 9$$
が示されます。

したがって,余りの列の関係式を示すことが 2 等分和の問題の本質であるといえます。このことは,第 4 章であらためて考えます。

商の列と余りの列の関係式を使うと,$1 \div 7$ の割り算が半分ですみます。このことを説明します。

$1 \div 7$ の割り算を思い出しましょう。

$$1 = 7 \times 0 + 1$$
$$10 = 7 \times 1 + 3$$
$$30 = 7 \times 4 + 2$$
$$20 = 7 \times 2 + \mathbf{6}$$
$$60 = 7 \times q_4 + r_4$$
$$10r_4 = 7 \times q_5 + r_5$$
$$10r_5 = 7 \times q_6 + r_6$$

余りに 6 が現れる 4 行目までを前半とし、残りを後半とします。説明のために、後半の商と余りは文字でおいています。

このまま割り算を続ければ後半の商と余りが求まりますが、先ほど調べた法則を用いると次のように計算できます。

$$q_4 = 9 - 1 = 8, \quad q_5 = 9 - 4 = 5, \quad q_6 = 9 - 2 = 7$$
$$r_4 = 7 - 3 = 4, \quad r_5 = 7 - 2 = 5, \quad r_6 = 7 - 6 = 1$$

この方法は、$\frac{1}{p}$ の循環節の長さが偶数になるような素数 p に対して使うことができます。

計算が半分ですむのは、数学の法則性の力といえます。

2 等分和の話はいったんここでおいて、余りの列の性質を調べた後に、あらためて戻ることにしましょう。

2.4 $14 + 28 + 57$ は難しい

$\frac{1}{7}$ の循環節 142857 を 3 等分して足すと、

$$14 + 28 + 57 = 99$$

となって、9 が並びました。

ところが、142857 を 1 つ巡回させた 428571 を 3 等分して足すと、

$$42 + 85 + 71 = 198$$

となります。$198 = 99 \times 2$ ですが、2 等分とは事情が異なるようです。

142857 を 2 つ巡回させた 285714 を 3 等分して足すと

第 2 章　$\frac{1}{17}$ のふしぎ 〜素数の逆数の個性

$$28 + 57 + 14 = 99$$

で，これは 142857 の場合と同じ計算になります。これ以上の巡回で新しい現象は起きません。

3 等分の和は，2 等分の和とはようすが違うようです。その理由は何でしょうか。

2 等分の和 $142 + 857 = 999$ の場合，100 の位，10 の位，1 の位がそれぞれ

$$1 + 8 = 9, \quad 4 + 5 = 9, \quad 2 + 7 = 9$$

となりました。したがって，142857 を巡回させた数についても，2 等分して和を求めると 999 になります。

一方，3 等分の和 $14 + 28 + 57 = 99$ の計算においては，繰り上がりが起こっています。1 の位の和が，$4+8+7 = 19$ となっています。10 の位の和は $1 + 2 + 5 = 8$ で，繰り上がりの 1 を足して 9 になっています。

3 等分の和は，2 等分和と異なり，1 の位の和が 9, 10 の位の和が 9, … といった形で位ごとに現象を表すことはできない点に難しさがあります。

3 等分の和の現象が起こる理由を考えるには，2 等分の和の現象以上に問題の本質に迫る必要があります。

142857 を 1 つ巡回させた 428571 を 3 等分して足すと，$42 + 85 + 71 = 198$ となりました。428571 は $\frac{3}{7}$ の循環節です。分子が 1 でなければ，その循環節の 3 等分和は 9 が並ぶとは限りません。では，分子を 1 に限定するとどうでしょうか。

ここでは，

> $\dfrac{1}{p}$ の循環節が 3 等分できれば，3 等分の和は **9** が並ぶでしょうか。

という問題を考えます。

$\dfrac{1}{p}$ の循環節が 3 等分できる 50 以下の素数 p は，p.33 の表 2.1 を見ると，

$$7, \ 13, \ 19, \ 31, \ 37, \ 43$$

となっています。$p = 7$ の場合はすでに計算しています。

$p = 13$ の場合，

$$\dfrac{1}{13} = 0.\dot{0}7692\dot{3}$$

です。循環節を 3 等分して足すと，

$$07 + 69 + 23 = 99$$

が成り立っています。

$p = 19$ の場合，

$$\dfrac{1}{19} = 0.\dot{0}5263157894736842\dot{1}$$

です。循環節を 3 等分して足すと，

$$052631 + 578947 + 368421 = 999999$$

が成り立っています。

$p = 31$ の場合，

$$\frac{1}{31} = 0.\dot{0}3225806451612\dot{9}$$

で,循環節を 3 等分して足すと,

$$03225 + 80645 + 16129 = 99999$$

が成り立っています。

最後に,$p = 37$ の場合を紹介します。

$$\frac{1}{37} = 0.\dot{0}2\dot{7}$$

で,循環節を 3 等分して足すと,

$$0 + 2 + 7 = 9$$

が成り立っています。

$\dfrac{1}{p}$ の循環節が 3 等分できれば,循環節の 3 等分の和に 9 が並ぶようです。この現象の背後には,どんな数学がひそんでいるのでしょうか。

続きは第 4 章で考えましょう。

2.5 小数と分数のふしぎな関係

$\dfrac{1}{7}$ の循環節 142857 を 6 等分して足すと

$$1 + 4 + 2 + 8 + 5 + 7 = 27$$

となり,さらに 2 等分して足すと

$$2 + 7 = 9$$

となりました。この現象が成り立つ理由は，循環節 142857 が 9 の倍数であることでした。

では，一般に

> p が 2 でも 5 でもない素数のとき，$\dfrac{1}{p}$ の循環節は 9 の倍数でしょうか。

素数
$$3, 7, 11, 13, \cdots$$
について，順番に調べていきましょう。

$p = 3$ のとき，
$$\frac{1}{3} = 0.\dot{3}$$
です。循環節 3 は 9 の倍数ではありません。

$p = 7$ のとき，循環節 142857 は 9 の倍数です。

$p = 11$ のとき，
$$\frac{1}{11} = 0.\dot{0}\dot{9}$$
です。循環節 09 は 9 の倍数です。

$p = 13$ のとき，
$$\frac{1}{13} = 0.\dot{0}7692\dot{3}$$
です。循環節 076923 は，
$$0 + 7 + 6 + 9 + 2 + 3 = 27$$
を満たすので，9 の倍数です。

$p = 17$ のとき，

第 2 章　$\frac{1}{17}$ のふしぎ 〜素数の逆数の個性

$$\frac{1}{17} = 0.\dot{0}588235294117647\dot{7}$$

です。循環節 0588235294117647 は，

$$0+5+8+8+2+3+5+2+9+4+1+1+7+6+4+7 = 72$$

を満たすので，9 の倍数です。

このように見ていくと，$p = 3$ を除けば $\frac{1}{p}$ の循環節は 9 の倍数になりそうです。

証明を考えるため，小数と分数の関係をまとめましょう。繰り返しますが，特に断らないかぎり，小数も分数も 1 未満の数としています。

まず，0.2 や 0.5 のように，小数点以下が有限な小数を**有限小数**といいます。これらの小数は小数点以下の長さにあわせて，10 のべき乗を分母にとれば分数になります。0.2 と 0.5 の場合，

$$0.2 = \frac{2}{10} = \frac{1}{5}$$
$$0.5 = \frac{5}{10} = \frac{1}{2}$$

となります。一般に，小数点以下の部分 A の長さが e の有限小数は，

$$\frac{A}{1\underbrace{00\cdots 0}_{e}} = \frac{A}{10^e}$$

と分数で表されます。このことから，$\frac{1}{p}$ が有限小数になるのは $p = 2, 5$ に限ることがわかります。2, 5 が 10 を割り切るからです。

> 循環小数を分数で表しましょう。

例として,
$$0.\dot{1}\dot{8} = 0.181818\cdots$$
をとります。循環節 18 の長さは 2 です。このとき,100 倍して,2 つだけ小数点を右へ移動させると,
$$100 \times 0.\dot{1}\dot{8} = 18.181818\cdots$$
となります。小数点以下がもとの $0.\dot{1}\dot{8}$ と等しいので,差が整数になります。

$$
\begin{array}{rcl}
100 \times 0.\dot{1}\dot{8} & = & 18.181818\cdots \\
-)\quad\quad 0.\dot{1}\dot{8} & = & 0.181818\cdots \\
\hline
99 \times 0.\dot{1}\dot{8} & = & 18
\end{array}
$$

したがって,
$$0.\dot{1}\dot{8} = \frac{18}{99} = \frac{2}{11}$$
となります。

一般に,長さ d の循環節 A をもつ循環小数は,
$$\frac{A}{\underbrace{99\cdots 9}_{d}} = \frac{A}{10^d - 1}$$
と分数で表されます。

p を 2,3,5 でない素数とします。$\frac{1}{p}$ が循環小数で表され,循環節 A の長さが d であるとすると,

第 2 章 $\frac{1}{17}$ のふしぎ 〜素数の逆数の個性

$$\frac{1}{p} = \frac{A}{\underbrace{99\cdots 9}_{d}}$$

と表されます. この式を変形すると,

$$pA = \underbrace{99\cdots 9}_{d}$$

となります. 右辺が 9 の倍数で, p が 3 ではないので, 9 は循環節 A を割り切ります. すなわち, 循環節 A は 9 の倍数です.

142857 の 6 等分のふしぎは, このような形ですべての素数に一般化されました. これからは, 2 等分や 3 等分のふしぎの解明を目標に話を進めます.

第3章 $\frac{1}{11}$ のふしぎ 〜 10^n-1 の素因数の法則

第2章までで，$\frac{1}{7}$ の循環節 142857 のふしぎな現象を紹介し，$\frac{1}{7}$ 以外の素数の逆数についても似たような性質をもつものがあることを見ました。

第3章以降では，ここまでに紹介したふしぎな現象が成り立つ理由を数式で表し，証明することを目標にします。

3.1 商の列と余りの列

$1 \div p$ の余りの列の意味を，もう少し掘り下げて考えてみましょう。

そのために，$1 \div 7$ の積み算をもう一度書きます。

第 3 章　$\frac{1}{11}$ のふしぎ 〜 10^n-1 の素因数の法則

```
        0.1 4 2 8 5 7
   7 ) 1.0
        7
       ――――
        3 0
        2 8
       ――――
          2 0
          1 4
         ――――
            6 0
            5 6
           ――――
              4 0
              3 5
             ――――
                5 0
                4 9
               ――――
                  1
```

この割り算において，商に現れる数字の列

$$(0,)\ 1,\ 4,\ 2,\ 8,\ 5,\ 7$$

を $1 \div 7$ の商の列と呼びました．先頭の 0 は特別なので，0 を第 0 項，1 を第 1 項というように番号をつけています．

　同じ割り算において，余りに現れる数字の列

$$(1,)\ 3,\ 2,\ 6,\ 4,\ 5,\ 1$$

を $1 \div 7$ の余りの列と呼びました．こちらも，1 を第 0 項，3 を第 1 項というように番号をつけています．

　この割り算において小数点を無視し，4 行目までを書くと，

```
    1
7 ) 1 0
    7
   ――
    3
```

となり，$10 \div 7$ の商が 1 で，余りが 3 であることが読み取れます。

6 行目までを書くと，

$$
\begin{array}{r}
14 \\
7{\overline{\smash{\big)}\,100}} \\
\underline{7} \\
30 \\
\underline{28} \\
2
\end{array}
$$

となり，$100 \div 7$ の商が 14 で，余りが 2 であることが読み取れます。

このようにして，余りの列

$$(1,)\ 3,\ 2,\ 6,\ 4,\ 5,\ 1$$

はそれぞれ

$$1 \div 7 = 10^0 \div 7$$
$$10 \div 7 = 10^1 \div 7$$
$$100 \div 7 = 10^2 \div 7$$
$$1000 \div 7 = 10^3 \div 7$$
$$10000 \div 7 = 10^4 \div 7$$
$$100000 \div 7 = 10^5 \div 7$$
$$1000000 \div 7 = 10^6 \div 7$$

の余りであることがわかります。

このことが，一般の $1 \div p$ で成り立つことは容易にわかり

ます。重要なことなので、まとめておきます。

> $1 \div p$ の余りの列と $10^n \div p$ の余りの列は等しくなる。

余りの列の先頭の 1 を第 0 項と番号をつけたのは、$1 \div p$ の余りの列の第 n 項が $10^n \div p$ の余りに一致するようにするためです。

次節以降では、$1 \div p$ の余りの列が $10^n \div p$ の余りの列と同じであることを使って、循環小数の世界をより深く探っていきます。

3.2　$1 \div p$ の余りに 1 が現れる意味

素数 p の逆数 $\dfrac{1}{p}$ を小数で表すと、

$$\frac{1}{2} = 0.5, \quad \frac{1}{3} = 0.\dot{3}, \quad \frac{1}{5} = 0.2,$$
$$\frac{1}{7} = 0.\dot{1}4285\dot{7}, \quad \frac{1}{11} = 0.\dot{0}\dot{9}, \quad \frac{1}{13} = 0.\dot{0}7692\dot{3}, \cdots$$

となります。$p = 2, 5$ のときは有限小数ですが、$p \neq 2, 5$ のときは循環小数になります。

$p \neq 2, 5$ のときに p の逆数が循環小数になることは、ここまで証明なしに用いてきましたが、この節で証明しましょう。

2.5 節で見たように、有限小数は $\dfrac{A}{10^e}$ と表されるので、素数 p の逆数が有限小数になるのは、$p = 2, 5$ に限ります。では、

> **2 でも 5 でもない素数 p の逆数は，どうして循環小数になるのでしょうか．**

$1 \div p$ の計算を思い出しましょう．

$$(r_0,)\ r_1,\ r_2,\ r_3,\ \cdots$$

というように，余りの列が現れます．$r_0 = 1$ です．そして，余りの列に 1 が現れたところで計算が終了し，循環節が求まります．余りの列に 1 が現れれば，その後の計算は $1 \div p$ の計算を初めから繰り返すことになるので，$\dfrac{1}{p}$ は循環小数であることがわかります．

したがって，示すべきことは，余りの列において，第 0 項の後に 1 がふたたび現れることです．つまり，

 $r_n = 1$ となる自然数 n が存在する．

が成り立つことです．

p を 2 でも 5 でもない素数とします．

$1 \div p$ の余りの列は，$10^n \div p$ の余りの列に等しくなります．p は 2 でも 5 でもない素数だから，$10^n \div p$ が割り切れることはありません．余りの列は無限に続きます．

しかし，$10^n \div p$ の余りは，p 未満の自然数で，余りの列に現れる数は有限個です．したがって，余りの列に現れる数のうちいずれかは，複数回現れることがわかります．

式で表すと，$10^k \div p$ の余りと $10^\ell \div p$ の余りが等しくなるような自然数 $k,\ \ell\ (k > \ell)$ が存在します．2 つの数を p で割った余りが等しいことは，それら 2 つの数の差が p で

第 3 章 $\frac{1}{11}$ のふしぎ 〜 10^n-1 の素因数の法則

割り切れることです。つまり，
$$10^k - 10^\ell = (p の倍数)$$
が成り立ちます。左辺を変形すると，
$$10^\ell(10^{k-\ell} - 1) = (p の倍数)$$
となります。p は素数だから，p が 10^ℓ または $10^{k-\ell}-1$ を割り切ります。p は 2 でも 5 でもない素数だから，p は 10^ℓ を割り切らず，$10^{k-\ell}-1$ を割り切ることになります。よって，
$$10^{k-\ell} - 1 = (p の倍数)$$
$$10^{k-\ell} = (p の倍数) + 1$$
となり，$10^{k-\ell} \div p$ の余りが 1 になります。

以上により，$1 \div p$ の余りの列に 1 が現れることがわかりました。また，余りに 1 が現れると，その後の計算は $1 \div p$ の計算を初めから繰り返すことになるので，循環が小数第 1 位から始まっていることもわかります。

まとめると，次の定理になります。

定理 3.1. p を 2 でも 5 でもない素数とするとき，$\frac{1}{p}$ は循環小数である。そして，循環は小数第 1 位から始まる。

3.3 $10^n - 1$ の素因数

定理 3.1 で，p を 2 でも 5 でもない素数とするとき，$\frac{1}{p}$

57

は循環小数であることが示されました。この定理の背後には，$10^n \div p$ の余りに 1 が現れるという事実がありました。そしてこれをいいかえると，ある自然数 n に対して，p が $10^n - 1$ を割り切る，つまり $10^n - 1$ の素因数に p が現れる，となります。

p が $10^n - 1$ を割り切るような最小の自然数 n は，p を法とする 10 の **位数** と呼ばれています。p が $10^n - 1$ を割り切るような自然数 n が存在すれば，そのような自然数のうち最小の自然数 n が，$\dfrac{1}{p}$ の循環節の長さと等しくなります。

つまり，次の定理が成り立ちます。

定理 3.2. p を 2 でも 5 でもない素数とする。このとき，$\dfrac{1}{p}$ は循環小数で表される。循環節の長さ d は，p が $10^n - 1$ を割り切る最小の自然数 n に等しい。

そこで，次の問題を考えます。

$\dfrac{1}{p}$ の循環節の長さが d の素数 p を求めましょう。

---

2 でも 5 でもない素数 p の逆数 $\dfrac{1}{p}$ の循環節の長さは，

$$\frac{1}{3} = 0.\dot{3}, \quad \frac{1}{7} = 0.\dot{1}4285\dot{7}, \quad \frac{1}{11} = 0.\dot{0}\dot{9}, \cdots$$

より，

第3章 $\frac{1}{11}$ のふしぎ 〜 10^n-1 の素因数の法則

1, 6, 2, …

と順に求めることができます。しかし，この方法では，与えられた長さの循環節をもつすべての素数を決定することはできません。たとえば，$\frac{1}{3}$ の循環節は長さ 1 ですが，循環節の長さが 1 である素数が 3 に限るかどうかはわかりません。

そこで，p が $10^n - 1$ を割り切るような最小の自然数 n に着目します。

$10^n - 1$ ($n = 1, 2, 3, \cdots$) を順に素因数分解して，初めて p が現れる n を求めます。この n は，p が $10^n - 1$ を割り切る最小の n になります。このようにして，$1 \div p$ の割り算を計算するかわりに，$10^n - 1$ の素因数分解によって $\frac{1}{p}$ の循環節の長さを求めることができます。

$10^n - 1$ を素因数分解しましょう。

$n = 1, 2, 3, \cdots$ として，$10^n - 1$ の素因数分解を調べてみます。

$n = 1$ のとき，

$$10 - 1 = 9 = 3^2$$

です。3 が初めて素因数に現れているので，循環節の長さが 1 の分数は $\frac{1}{3}$ になります。

$n = 2$ のとき，

$$10^2 - 1 = 99 = 3^2 \times 11$$

です。3 と 11 が素因数に現れています。3 は $n=1$ の場合にすでに現れており，$\frac{1}{3}$ の循環節の長さは 1 でした。ここでは，11 が初めて素因数に現れているので，循環節の長さが 2 の分数は $\frac{1}{11}$ になります。

$n=3$ のとき，

$$10^3 - 1 = 999 = 3^3 \times 37$$

です。37 が初めて素因数に現れました。循環節の長さが 3 の分数は $\frac{1}{37}$ になります。

以下同様に，$n=4$ のとき，

$$10^4 - 1 = 9999 = 3^2 \times 11 \times 101$$

です。101 が初めて素因数に現れました。循環節の長さが 4 の分数は $\frac{1}{101}$ になります。

$n=5$ のとき，

$$10^5 - 1 = 99999 = 3^2 \times 41 \times 271$$

です。41 と 271 が初めて素因数に現れました。循環節の長さが 5 の分数は $\frac{1}{41}$ と $\frac{1}{271}$ になります。

$n=6$ のとき，

$$10^6 - 1 = 999999 = 3^3 \times 7 \times 11 \times 13 \times 37$$

です。7 と 13 が初めて素因数に現れました。循環節の長さ

第3章 $\frac{1}{11}$ のふしぎ 〜 10^n-1 の素因数の法則

が6の分数は $\frac{1}{7}$ と $\frac{1}{13}$ になります。

この計算を繰り返し，$\frac{1}{p}$ の循環節の長さが d になる素数 p を求めると，次のようになります。

d	p
1	3
2	11
3	37
4	101
5	41, 271
6	7, 13
7	239, 4649
8	73, 137
9	333667
10	9091
11	21649, 513239
12	9901
13	53, 79, 265371653
14	909091
15	31, 2906161
16	17, 5882353
17	2071723, 5363222357
18	19, 52579
19	1111111111111111111
20	3541, 27961

(3.1)

現在では，大きな数の素因数分解もコンピュータで計算できます。

コンピュータのない時代，大きな n に対する $10^n - 1$ の素因数分解は難しい問題でした。大きな数を素因数分解した人や，大きな数の素因数を発見した人の名前が残っています。

たとえば，J・ベルヌーイは $n \leqq 10$ と $n = 12$, 14, 16, 18 で $10^n - 1$ を素因数分解しています。また，$n = 13$, 15, 20〜22, 24〜28, 30 で，ほぼ素因数分解を与えましたが，最大の因数が素数であるかどうかは確認していません。

3.4　$10^n + 1$ の素因数

前節で，p が 2 でも 5 でもない素数ならば，$\dfrac{1}{p}$ は循環小数で表され，循環節の長さ d は p が $10^n - 1$ を割り切る最小の自然数 n であることがわかりました。

また，2.2 節で $\dfrac{1}{p}$ の循環節の長さが偶数ならば，循環節の前半と後半を足すと 9 が並ぶ現象を見ました。

そこで，次の問題を考えてみます。

$$\boxed{\dfrac{1}{p} \text{ の循環節の長さが偶数になる素数 } p \text{ を求めましょう。}}$$

p.61 の表 3.1 を見て，d が偶数のところを調べると，

第3章 $\frac{1}{11}$ のふしぎ 〜 10^n-1 の素因数の法則

d	p
2	11
4	101
6	7, 13
8	73, 137
10	9091
12	9901
14	909091
16	17, 5882353
18	19, 52579
20	3541, 27961

と求まりますが,もう少し効率のよい方法を考えます.

$\frac{1}{p}$ の循環節の長さ d を $2m$ とおきます.このとき,素数 p は

$$10^{2m} - 1 = (10^m - 1)(10^m + 1)$$

を割り切ります.p は素数だから,$10^m - 1$ または $10^m + 1$ を割り切ります.p が $10^n - 1$ を割り切るような最小の自然数 n が $2m$ だから,p は $10^m - 1$ を割り切りません.

したがって,$\frac{1}{p}$ の循環節の長さが偶数になる p は,$10^m + 1$ を割り切ります.

$\boxed{10^n + 1 \text{ を素因数分解しましょう.}}$

$10^n + 1$ ($n = 1, 2, 3, \cdots$) を素因数分解します.
$n = 1$ のとき,

$$10^1 + 1 = 11$$

です。

$$\frac{1}{11} = 0.\dot{0}\dot{9}$$

で，循環節の長さは 2 です。$n = 1$ の 2 倍になっています。

$n = 2$ のとき，

$$10^2 + 1 = 101$$

です。

$$\frac{1}{101} = 0.\dot{0}09\dot{9}$$

で，循環節の長さは 4 です。$n = 2$ の 2 倍になっています。

$n = 3$ のとき，

$$10^3 + 1 = 1001 = 7 \times 11 \times 13$$

です。7 と 13 が初めて現れます。

$$\frac{1}{7} = 0.\dot{1}4285\dot{7}, \quad \frac{1}{13} = 0.\dot{0}7692\dot{3}$$

で，循環節の長さは 6 です。やはり，$n = 3$ の 2 倍になっています。

以上の 3 つの例から，m を p が $10^n + 1$ を割り切る最小の自然数 n とするとき，循環節の長さが $2m$ になりそうです。

証明はどうすればよいでしょうか。

まず，p が $10^m + 1$ を割り切れば，p が

$$(10^m + 1)(10^m - 1) = 10^{2m} - 1$$

を割り切るので，$\dfrac{1}{p}$ の循環節の長さ d は $2m$ 以下となり

ます。

d は $2m$ 以下のどのような数になっているのでしょうか。

$\dfrac{1}{p}$ の循環節の長さが d だから,$1 \div p$ の余りの列において,第 0 項の 1 に続いて第 d 項に 1 が現れ,その後,第 $2d$ 項,第 $3d$ 項,$\cdots$ と d の倍数の項で 1 が現れます。

$1 \div p$ の余りの列は $10^n \div p$ の余りの列に等しいので,$10^n \div p$ の余りの列においても,1 が現れるのは第 0 項,第 d 項,第 $2d$ 項,第 $3d$ 項,$\cdots$ です。$10^{2m} \div p$ の余りが 1 であることから,$10^n \div p$ の余りの列の第 $2m$ 項は 1 です。

したがって,$kd = 2m$ となる自然数 k が存在して,d が $2m$ を割り切ります。p が $10^m + 1$ を割り切れば,$\dfrac{1}{p}$ の循環節の長さ d が $2m$ の約数になることが示されました。

さらに,d の性質を掘り下げていきます。

d が奇数であると仮定すると,d は $2m$ の約数だから,d は m を割り切ります。このとき,$10^m \div p$ の余りが 1 になり,

$$10^m - 1 = (p \text{ の倍数})$$

が成り立ちます。したがって,p は $10^m + 1$ と $10^m - 1$ を割り切るので,

$$(10^m + 1) - (10^m - 1) = 2$$

を割り切ります。p が 2 を割り切るので,$p = 2$ となり矛盾です。したがって,d は偶数です。

d が偶数だから,p が

$$10^d - 1 = (10^{\frac{d}{2}} - 1)(10^{\frac{d}{2}} + 1)$$

を割り切ります。p は素数だから，p は $10^{\frac{d}{2}} - 1$，または，$10^{\frac{d}{2}} + 1$ を割り切ります。一方，d は p が $10^n - 1$ を割り切る最小の自然数 n だから，p は $10^{\frac{d}{2}} - 1$ を割り切りません。したがって，p は $10^{\frac{d}{2}} + 1$ を割り切ります。

m は p が $10^n + 1$ を割り切る最小の自然数 n だから，$\dfrac{d}{2} \geqq m$ となります。一方，$d \leqq 2m$ が成り立っていたので，$d = 2m$ が成り立ちます。

定理としてまとめておきます。

定理 3.3. $\dfrac{1}{p}$ の循環節の長さが偶数になることと，p が $10^n + 1$ を割り切るような自然数 n が存在することは同値である。特に，p が $10^n + 1$ を割り切る最小の自然数を m とすると，$\dfrac{1}{p}$ の循環節の長さは $2m$ になる。

$10^n + 1$ ($n = 1, 2, \cdots, 15$) を素因数分解して，$\dfrac{1}{p}$ の循環節の長さが $2m$ になる素数 p を求めると，次のようになります。

第3章　$\frac{1}{11}$のふしぎ 〜 10^n-1の素因数の法則

$2m$	p
2	11
4	101
6	7, 13
8	73, 137
10	9091
12	9901
14	909091
16	17, 5882353
18	19, 52579
20	3541, 27961
22	23, 4093, 8779
24	99990001
26	859, 1058313049
28	29, 281, 121499449
30	211, 241, 2161

　このように，$\frac{1}{p}$の循環節の長さを求める問題は，10^n-1や10^n+1の素因数分解の問題になります。このことが，2.2節で見た$\frac{1}{p}$の循環節の2等分和の問題に関係してきます。

　続く第4章で，いよいよそのなぞときに挑むことにしましょう。

第4章 2等分和と3等分和のなぞとき

いよいよこの章で，$\frac{1}{7}$ の循環節の2等分和 $142 + 857 = 999$ や，3等分和 $14 + 28 + 57 = 99$ のふしぎを解明します。

4.1　$142 + 857 = 999$ のなぞとき

まず，2等分和の問題を証明しましょう。方針は，142857の場合の計算を文字式で表して一般化することです。一般化することで，2等分和の問題の背後に，素数のどのような規則性がひそんでいるのかを明らかにすることができます。

p を2でも5でもない素数とします。$1 \div p$ の商の列を

$$(q_0,)\ q_1,\ q_2,\ \cdots$$

とおき，余りの列を

$$(r_0,)\ r_1,\ r_2,\ \cdots$$

とおきます。ここで，$q_0 = 0$，$r_0 = 1$ です。

循環節の長さが偶数の場合を考えるので，循環節の長さを $2m$ とおきます。

$$r_{2m} = 1$$

となります。

2.3節では，$\frac{1}{7}$ のとき，

第 4 章　2 等分和と 3 等分和のなぞとき

$$r_1 + r_4 = 7, \quad r_2 + r_5 = 7, \quad r_3 + r_6 = 7$$

が成り立っていることを使って,

$$q_1 + q_4 = 9, \quad q_2 + q_5 = 9, \quad q_3 + q_6 = 9$$

を示しました。

まず,

$$r_1 + r_{m+1} = p, \ r_2 + r_{m+2} = p, \ \cdots, \ r_m + r_{2m} = p$$

であることを示しましょう。

$r_{2m} = 1$ であり, $1 \div p$ の余りの列は $10^n \div p$ の余りの列に等しいので, $10^{2m} \div p$ の余りが 1 になります。よって, p が

$$10^{2m} - 1 = (10^m - 1)(10^m + 1)$$

を割り切ります。ここで, $2m$ は p が $10^n - 1$ を割り切る最小の自然数 n だから, p が $10^m - 1$ を割り切ると循環節の長さが m となり矛盾します。したがって, p は $10^m + 1$ を割り切ります。

このことを用いると,

$$10^k + 10^{m+k} = 10^k(10^m + 1) = (p \text{ の倍数}) \ (k = 1, 2, \cdots, m)$$

が成り立ちます。一方,

$$10^k = (p \text{ の倍数}) + r_k, \quad 10^{m+k} = (p \text{ の倍数}) + r_{m+k}$$

より,

$$10^k + 10^{m+k} = (p \text{ の倍数}) + r_k + r_{m+k}$$

となるので,

$$r_k + r_{m+k} = (p \text{ の倍数})$$

となります。r_k と r_{m+k} は,余りの列の数で p 未満の自然数だから,$0 < r_k + r_{m+k} < 2p$ を満たします。この範囲にある p の倍数は p に限るので,

$$r_k + r_{m+k} = p$$

が成り立ちます。

次は,

$$q_1 + q_{m+1} = 9, \ q_2 + q_{m+2} = 9, \ \cdots, \ q_m + q_{2m} = 9$$

を示します。

商の列 $\{q_k\}$ と余りの列 $\{r_k\}$ の関係を調べます。

$1 \div p$ の割り算は,

$$1 \div p = q_0 \cdots r_0$$
$$10 r_0 \div p = q_1 \cdots r_1$$
$$10 r_1 \div p = q_2 \cdots r_2$$
$$\cdots$$

となります。ここで,

$$q_0 = 0, \quad r_0 = 1$$

です。また,2 行目以降をまとめて,

$$10 r_{k-1} \div p = q_k \cdots r_k \quad (k \geqq 1)$$

第 4 章　2 等分和と 3 等分和のなぞとき

と書きます。この式を書き直すと，

$$10r_{k-1} = pq_k + r_k \quad (k \geqq 1)$$

となります。ここで，$k = 1, 2, \cdots, m$ として，

$$10r_{k-1} = pq_k + r_k$$

と

$$10r_{m+k-1} = pq_{m+k} + r_{m+k}$$

を辺々足すと，

$$10(r_{k-1} + r_{m+k-1}) = p(q_k + q_{m+k}) + r_k + r_{m+k}$$

となります。$r_{k-1} + r_{m+k-1} = p$，$r_k + r_{m+k} = p$ を代入すると，

$$10p = p(q_k + q_{m+k}) + p$$

となり，両辺を p で割ると

$$10 = (q_k + q_{m+k}) + 1$$

となって

$$q_k + q_{m+k} = 9$$

が導かれます。

　以上により，2 等分和のふしぎが示されました。

　この 2 等分の和の性質は，**ミディ (Midy) の定理**と呼ばれています。フランスの数学者ミディによって 1836 年に発表されました。

　以上により，プロローグで紹介したふしぎのうち，残った

のは 3 等分和の問題になります。しかし,この 2 等分の証明を 3 等分に一般化するのは,式が複雑になりそうです。

2 等分の場合の考察をもう少し深めてみましょう。

4.2 巡回の意味

この節では,142857 を 2 等分して足すと

$$142 + 857 = 999$$

となる理由をさらに探り,ミディの定理が成り立つことを別の観点からながめてみます。そしてこの考え方で,3 等分して足すと

$$14 + 28 + 57 = 99$$

となる理由を探っていきます。

まず,2 等分を考えます。

142857 を 2 等分して足すと

$$142 + 857 = 999 \tag{4.1}$$

となります。これは,142857 と 3 つ巡回させた 857142 の和が

$$142857 + 857142 = 999999 \tag{4.2}$$

となることと同値です。上 3 桁の和と下 3 桁の和が,それぞれ (4.1) に等しいからです。

さらに,(4.2) の両辺を 999999 で割ると,

$$\frac{142857}{999999} + \frac{857142}{999999} = 1$$

となり，約分すると，

$$\frac{1}{7} + \frac{6}{7} = 1$$

と，とてもシンプルな式になります．足して 1 になる 2 つの分数を考えることと，循環節をちょうど半分巡回させて足すことが同じになるのです．

つまり，

$$142 + 857 = 999$$

となることの正体は，

$$\frac{1}{7} + \frac{6}{7} = 1$$

が成り立つことだったのです．

一般的に述べるために，より詳しくながめてみましょう．
$\frac{1}{7}$ の循環節 142857 を 3 つ巡回させた 857142 は，$\frac{1}{7} \times 10^3$ の循環節になります．なぜなら，10 倍するごとに，小数点が右にひとつずれていくからです．実際に，

$$\frac{1}{7} \times 10^3 = 142.\dot{8}5714\dot{2} = 142 + 0.\dot{8}5714\dot{2}$$

となります．そして，$0.\dot{8}5714\dot{2} = \frac{6}{7}$ です．だから，

$$\frac{1}{7} \times 10^3 = (整数) + \frac{6}{7}$$

と表されます．したがって，

$$\frac{1}{7} + \frac{1}{7} \times 10^3 = \frac{1}{7} + (整数) + \frac{6}{7} = (整数)$$

です。よって，

$$\frac{1}{7} + \frac{1}{7} \times 10^3 = \frac{1}{7} \times (1 + 10^3) = (整数)$$

が成り立ちます。つまり，2等分和の本質は，7 が $1 + 10^3$ を割り切ることにあります。そしてこのことは，3.4 節で述べたように，$\frac{1}{p}$ の循環節の長さが偶数 $2m$ であるとき，p が $1 + 10^m$ を割り切るという事実とつながっています。

この考察から，一般の場合の証明ができます。

$\frac{a}{p}$ $(1 \leqq a \leqq p-1)$ の循環節 A の長さを $2m$，A を m 桁巡回させた数を B とします。このとき，$\frac{a}{p} \times 10^m$ の小数部分の循環節は B になります。

p が $1 + 10^m$ を割り切るので，

$$\frac{a}{p} \times (1 + 10^m) = (整数)$$

が成り立ちます。このことより，

$$\frac{a}{p} + \frac{a}{p} \times 10^m = (整数) \tag{4.3}$$

となります。2.5 節で説明したように，一般に長さ d の循環節 A をもつ循環小数は $\frac{A}{10^d - 1}$ となるので，$\frac{a}{p} = \frac{A}{10^{2m} - 1}$ となり，$\frac{a}{p} \times 10^m$ の小数部分は $\frac{B}{10^{2m} - 1}$ と表されます。よって，(4.3) 式から

$$\frac{A}{10^{2m} - 1} + \frac{B}{10^{2m} - 1} = (整数)$$

が導かれます。1 未満の 2 つの分数の和は 2 未満で, 2 未満の自然数は 1 に限るので,

$$\frac{A}{10^{2m}-1} + \frac{B}{10^{2m}-1} = 1$$

となります。よって,

$$A + B = 10^{2m} - 1 = \underbrace{99\cdots9}_{2m}$$

となります。見事に 9 が並びました。

以上で, 別の観点から 2 等分和の問題が証明できました。

4.3 $14 + 28 + 57 = 99$ のなぞとき

$\dfrac{1}{7}$ の循環節 142857 の 2 等分和の問題の本質は, 7 が $1+10^3$ を割り切ることにありました。10 の指数 3 は循環節の長さ 6 の半分であり, $1+10^3$ は $10^6-1 = (10^3-1)(10^3+1)$ の因数です。

循環節の長さ 6 の 3 分の 1 が 2 であり,

$$10^6 - 1 = (7 \text{ の倍数})$$

であることから,

$$(10^2 - 1)(10^4 + 10^2 + 1) = (7 \text{ の倍数})$$

となり, $10^4 + 10^2 + 1 = (7 \text{ の倍数})$ となります。

前節と同様に考えると, $1 + 10^2 + 10^4 = (7 \text{ の倍数})$ から $14 + 28 + 57 = 99$ であることを, 以下の順で導くことができます。

- $1 + 10^2 + 10^4 = $ (7 の倍数)
- $\dfrac{1}{7} \times (1 + 10^2 + 10^4) = $ (整数)
- $\dfrac{1}{7} + \dfrac{1}{7} \times 10^2 + \dfrac{1}{7} \times 10^4 = $ (整数)
- $\dfrac{1}{7} + \dfrac{2}{7} + \dfrac{4}{7} = 1$
- $\dfrac{142857}{999999} + \dfrac{285714}{999999} + \dfrac{571428}{999999} = 1$
- $142857 + 285714 + 571428 = 999999$
- $14 + 28 + 57 = 99$

この計算を一般的に書けば,3等分和の証明ができます。

では,$\dfrac{1}{p}$ の循環節の長さが3の倍数のとき,循環節の3等分和に9が並ぶことの証明に移りましょう。

$\dfrac{1}{p}$ の循環節 A の長さが $3m$ であったとします。A を m 桁巡回させた数を B,A を $2m$ 桁巡回させた数を C とします。

まず,p が $1 + 10^m + 10^{2m}$ を割り切ることを示します。$\dfrac{1}{p}$ の循環節の長さが $3m$ だから,p は

$$10^{3m} - 1 = (10^m - 1)(10^{2m} + 10^m + 1)$$

を割り切ります。p は素数だから,$10^m - 1$,または,$10^{2m} + 10^m + 1$ を割り切りますが,p が $10^m - 1$ を割り切れば循環節の長さが m 以下になり,矛盾です。したがって,p は $10^{2m} + 10^m + 1$ を割り切ります。

p が $1 + 10^m + 10^{2m}$ を割り切るので,

第 4 章 2等分和と3等分和のなぞとき

$$\frac{1}{p} \times (1 + 10^m + 10^{2m}) = (整数)$$

が成り立ちます。したがって,

$$\frac{1}{p} + \frac{1}{p} \times 10^m + \frac{1}{p} \times 10^{2m} = (整数)$$

となります。ここで,$\frac{1}{p}$ の循環節は A です。そして,$\frac{1}{p} \times 10^m$ の循環節は B になり,$\frac{1}{p} \times 10^{2m}$ の循環節は C になります。

$\frac{1}{p} \times 10^m$,$\frac{1}{p} \times 10^{2m}$ の小数部分を考えて,それぞれ

$$\frac{1}{p} \times 10^m = (整数) + \frac{b}{p}, \quad \frac{1}{p} \times 10^{2m} = (整数) + \frac{c}{p}$$

とします。

b と c は,p 未満の自然数です。小数部分の分子の和は

$$1 + b + c \leqq 1 + (p-1) + (p-1) = 2p - 1$$

を満たすので,

$$\frac{1+b+c}{p} \leqq \frac{2p-1}{p} = 2 - \frac{1}{p}$$

となって,

$$\frac{1}{p} + \frac{b}{p} + \frac{c}{p} < 2$$

が成り立ちます。2 未満の自然数は 1 に限るので,

$$\frac{1}{p} + \frac{b}{p} + \frac{c}{p} = 1 \qquad (4.4)$$

が得られます。

$\dfrac{1}{p}$, $\dfrac{b}{p}$, $\dfrac{c}{p}$ の循環節はそれぞれ A, B, C で,循環節の長さは $3m$ なので,(4.4) 式は

$$\frac{A}{10^{3m}-1} + \frac{B}{10^{3m}-1} + \frac{C}{10^{3m}-1} = 1$$

となり,

$$A + B + C = 10^{3m} - 1 = \underbrace{99\cdots 9}_{3m}$$

が得られ,9 が並ぶことがわかります。

以上で,3 等分和の問題が証明できました。

この 3 等分和の性質は,**ギンスベルク (Ginsberg) の定理**と呼ばれています。ギンスベルクによって 2004 年に発表されました。ギンスベルクは発表当時,アメリカの大学生でした。

ギンスベルクの定理は,1836 年に発表されたミディの定理から約 170 年経っています。ミディは 4.1 節で見た

$$q_1 + q_{m+1} = 9, \quad q_2 + q_{m+2} = 9, \quad \cdots, \quad q_m + q_{2m} = 9$$

を証明して,2 等分以外の場合も考えていたようですが,きれいな規則性を見出すことはできませんでした。その後の研究で,上の式が 4.2 節の式の形

$$q_1 q_2 \cdots q_m + q_{m+1} q_{m+2} \cdots q_{2m} = \underbrace{99\cdots 9}_{m}$$

に解釈し直されたことが,ギンスベルクの 3 等分和の証明

第 4 章　2 等分和と 3 等分和のなぞとき

につながりました。

$p = 7$ の場合でいうと，

$$1 + 8 = 9, \quad 4 + 5 = 9, \quad 2 + 7 = 9$$

の関係を

$$142 + 857 = 999$$

と見立てたことによって，3 等分和の問題に進展しました。

3 等分和に対しては，分子が 1 でないとき，$\underbrace{99\cdots9}_{m} \times 2$ になる場合がありました。このことを説明しましょう。

$\dfrac{A}{10^{3m}-1} \neq \dfrac{1}{p}$ のとき，$\dfrac{A}{10^{3m}-1} = \dfrac{a}{p}$ とおくと，

$$\frac{a}{p} + \frac{b}{p} + \frac{c}{p} = (整数)$$

となり，分子は

$$(p-1) + (p-1) + (p-1) = 3p - 3$$

以下となって，

$$\frac{a}{p} + \frac{b}{p} + \frac{c}{p} \leqq \frac{3p-3}{p} = 3 - \frac{3}{p}$$

となります。3 未満の自然数は 1 または 2 だから，

$$\frac{a}{p} + \frac{b}{p} + \frac{c}{p} = 1, \ 2$$

になります。したがって，

79

$$A+B+C = 10^{3m} - 1 = \underbrace{99\cdots9}_{3m}, \quad \underbrace{99\cdots9}_{3m} \times 2$$

となります。

このことが,

$$14 + 28 + 57 = 99$$
$$42 + 85 + 71 = 198$$
$$28 + 57 + 14 = 99$$
$$85 + 71 + 42 = 198$$
$$57 + 14 + 28 = 99$$
$$71 + 42 + 85 = 198$$

のように,99 と 198 ($= 99 \times 2$) が現れる理由です。

以上で,プロローグで紹介した 142857 をめぐるふしぎな現象はすべて解明されました。しかし,素数 p の逆数 $\dfrac{1}{p}$ には,まだまだふしぎな現象があります。第Ⅱ部で,さらに深い数の法則性を見ていきましょう。

第4章 2等分和と3等分和のなぞとき

> **コラム** **10進法**
>
> ここまでの循環小数をめぐる議論において，10が基本的な役割を果たしていました。これは，私たちがふだん使っている数の表記が10進法と呼ばれる表し方であることからきています。たとえば，123は，100の位が1，10の位が2，1の位が3で，
>
> $$123 = 100 \times 1 + 10 \times 2 + 1 \times 3$$
>
> のことです。1が10個集まれば10になって，10が10個集まれば100になる。つまり，10個集まったら位をひとつ上げようというのが10進法です。私たちが10進法を使っているのは，指が10本あるからに他なりません。
>
> 10の約数である2, 5の逆数は，有限小数になります。
>
> もし，右手で指折り数えて，5個集まったら位をひとつ上げることにすると，1の位，5の位，25の位というように位が上がっていきます。これを5進法といいます。
>
> 10進法と区別するために5進法を$123_{(5)}$というように表すことにすると，$123_{(5)}$は，25の位が1，5の位が2，1の位が3で，
>
> $$123_{(5)} = 25 \times 1 + 5 \times 2 + 1 \times 3 = 38$$
>
> となります (中央の辺と右辺は10進法で表していま

す)。5進法の123は，10進法の38になるわけです。

古代バビロニアでは60進法が使われていました。バビロニアの60進法は，現在の時間や角度の表し方に残っています。1時間は60分，1分は60秒です。また円周は360度，1度は60分です。バビロニア人は，$\sqrt{2}$ の値を60進法で 1.24 : 51 : 10 と求めています。ここで 24, 51, 10 は，それぞれ小数第1位，2位，3位の数字です。10進法に直すと，

$$1 + \frac{24}{60} + \frac{51}{60^2} + \frac{10}{60^3} = 1.41421296\cdots$$

となり，小数第5位まで正しく計算しています。

60進法で表記すると，60の約数である 2, 3, 4, 5 などの逆数は，

$$\frac{1}{2} = \frac{30}{60} = 0.30_{(60)}, \quad \frac{1}{4} = \frac{15}{60} = 0.15_{(60)},$$
$$\frac{1}{3} = \frac{20}{60} = 0.20_{(60)}, \quad \frac{1}{5} = \frac{12}{60} = 0.12_{(60)}$$

のように有限小数になります。$\frac{1}{2}$ 時間を30分，$\frac{1}{3}$ 時間を20分，$\frac{1}{4}$ 時間を15分と呼んでいるのは，ここからきています。

ディクソンの『数論の歴史』によれば，循環小数が初めて登場するのは15世紀です。マルディニ(Mârdini)が，

$$47.50_{(60)} \div 1.25_{(60)}$$

が循環小数になり，循環節の長さは8である，と記し

ています。

　また，1677年，ライプニッツは，自然数 m と b が互いに素であるとき，$\dfrac{1}{m}$ が b 進法で小数第 1 位から循環が始まる循環小数になることを記しています。$b=10$ のときが 10 進法の場合で，10 と互いに素な m に対して，$\dfrac{1}{m}$ が小数第 1 位から循環が始まる循環小数になります。

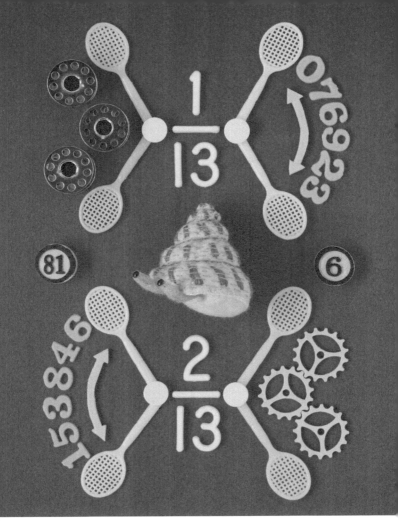

第 II 部

スウィングする2つの循環節

第5章 $\dfrac{1}{13}$ のふしぎ ～2種類の循環節

ふしぎなふるまいを見せる

$$142857$$

は，$\dfrac{1}{7}$ の循環節であり，ダイヤル数と呼ばれる数でした。第Ⅰ部では，ダイヤル数 142857 から発展して，$\dfrac{1}{p}$ の循環節の長さが偶数である場合に，その2等分和に9が並ぶというミディの定理や，3の倍数の場合に，その3等分和に9が並ぶというギンスベルクの定理を見てきました。

第Ⅱ部の主役は，スウィングするようにふるまう2つの数，

$$076923 \ と \ 153846$$

です。それぞれ，$\dfrac{1}{13}$ と $\dfrac{2}{13}$ の循環節です。076923 と 153846 も，単純な数のかけ算で，142857 とはまた違った面白い現象を見せてくれます。そして，その現象の背後に，ミディの定理やギンスベルクの定理とはまた異なる，美しい定理がひそんでいます。

$\dfrac{1}{13}$ の循環節 076923 に，$1 \div 13$ の余りの列の数 $a = 1$, 3, 4, 9, 10, 12 をかけ，$076923 \times a$ を求めてみましょう。

$$076923 \times 1 = 076923$$

第 5 章 $\frac{1}{13}$ のふしぎ 〜 2 種類の循環節

$$076923 \times 3 = 230769$$
$$076923 \times 4 = 307692$$
$$076923 \times 9 = 692307$$
$$076923 \times 10 = 769230$$
$$076923 \times 12 = 923076$$

すると，076923 を巡回させた数になります．かける数の順序を変えると，

$$076923 \times 1 = 076923$$
$$076923 \times 10 = 769230$$
$$076923 \times 9 = 692307$$
$$076923 \times 12 = 923076$$
$$076923 \times 3 = 230769$$
$$076923 \times 4 = 307692$$

となって，鮮やかに規則性が浮かび上がります．076923 を巡回させた数になっています．

$\frac{1}{7}$ の循環節 142857 のように，7 未満のすべての自然数をかけたときに巡回する現象は起きませんが，$\frac{1}{13}$ の循環節 076923 には，13 未満の自然数の半分，1，3，4，9，10，12 をかけたときに巡回する現象が起きています．

残りの半分の自然数 $b = 2, 5, 6, 7, 8, 11$ を 076923 にかけ，$076923 \times b$ を求めてみると，

$$076923 \times 2 = 153846$$

$$076923 \times 5 = 384615$$
$$076923 \times 6 = 461538$$
$$076923 \times 7 = 538461$$
$$076923 \times 8 = 615384$$
$$076923 \times 11 = 846153$$

となります.

$$076923 \times 2 = 153846$$
$$076923 \times 7 = 538461$$
$$076923 \times 5 = 384615$$
$$076923 \times 11 = 846153$$
$$076923 \times 6 = 461538$$
$$076923 \times 8 = 615384$$

と並べ替えると,鮮やかに規則性が浮かび上がります.$076923 \times b$ ($b = 2, 5, 6, 7, 8, 11$) は,153846 を巡回させた数になっています.

ここに,2種類の数のグループが現れています.076923 とその巡回した数のグループ,そして,153846 とその巡回した数のグループです.

このような現象が起こる理由は何でしょうか.

また,次のようなふしぎな現象もあります.076923 の2倍は,

$$076923 \times 2 = 153846$$

でした.さらに2倍すると,

$$153846 \times 2 = 307692$$

となります．307692 は，076923 を巡回させた数です．さらに 2 倍すると，

$$307692 \times 2 = 615384$$

となり，153846 を巡回させた数が現れます．
　615384 を 2 倍すると，

$$615384 \times 2 = 1230768$$

となって，桁数が変わります．076923 は巡回しませんが，よく見ると，下 6 桁の 230768 は 076923 を巡回させた数に似ています．999999 を引くと，

$$1230768 - 999999 = 230769$$

となって，076923 が巡回した数になります．
　そして，230769 の 2 倍は

$$230769 \times 2 = 461538$$

となり，153846 を巡回させた数になっています．
　461538 の 2 倍は

$$461538 \times 2 = 923076$$

となり，076923 を巡回させた数になります．
　このように，2 倍することによって，076923 と 153846 が交互に行ったり来たりします．まるで，2 つのグループをス

ウィングしながら巡回しているようです。

このようなふしぎな現象が起こるのは，なぜなのでしょうか。そして，2倍ではなく，別の数の倍数を考えれば，どのようなことが起こるのでしょうか。

第II部では，これらの疑問を出発点として，数の美しい法則性を探索していくことにしましょう。

5.1 スウィングする 076923 と 153846

先ほど見たように，$\dfrac{1}{13}$ の循環節 076923 にはふしぎな現象がありました。

076923 × a ($a = 1, 3, 4, 9, 10, 12$) の値は，
076923 を巡回させた数になる。

では，どうしてこのような現象が起こるのでしょうか。このことを見るために，1÷13 をもう一度計算してみましょう。

```
          0.0 7 6 9 2 3
    13 ) 1.0
         0
         ―――
         1 0 0
           9 1
           ―――
             9 0
             7 8
             ―――
             1 2 0
             1 1 7
             ―――
                 3 0
                 2 6
                 ―――
                   4 0
                   3 9
                   ―――
                     1
```

第5章 $\frac{1}{13}$ のふしぎ 〜2種類の循環節

この計算により，$1 \div 13$ の商の列が

$$(0,)\ 0,\ 7,\ 6,\ 9,\ 2,\ 3,\ \cdots$$

で，余りの列が

$$(1,)\ 10,\ 9,\ 12,\ 3,\ 4,\ 1,\ \cdots$$

であることがわかります。

1.1 節で

> $1 \div p$ の計算において余りが a になれば，その後の計算は $a \div p$ の計算と同じになる。

を見ました。したがって，余りの列の数 $a = 1,\ 3,\ 4,\ 9,\ 10,\ 12$ に対して，循環節 076923 を a 倍した数は，$\dfrac{a}{13}$ の循環節と一致します。このことから，

> $076923 \times a\ (a = 1,\ 3,\ 4,\ 9,\ 10,\ 12)$ の値は，076923 を巡回させた数になる。

の現象が起こる理由がわかります。

もうひとつのふしぎな現象である

> $076923 \times b\ (b = 2,\ 5,\ 6,\ 7,\ 8,\ 11)$ の値は，153846 を巡回させた数になる。

は，どうして起こるのでしょうか。ここで，$b = 2,\ 5,\ 6,\ 7,\ 8,\ 11$ は，$a = 1,\ 3,\ 4,\ 9,\ 10,\ 12$ 以外の 13 未満の自然数です。

$$076923 \times 2 = 153846$$

で，076923 は $\dfrac{1}{13}$ の循環節だから，153846 は $\dfrac{2}{13}$ の循環節になりそうです。

$2 \div 13$ を計算してみましょう。

```
        0. 1 5 3 8 4 6
   13 ) 2. 0
        1 3
        ───
          7 0
          6 5
          ───
            5 0
            3 9
            ───
            1 1 0
            1 0 4
            ─────
                6 0
                5 2
                ───
                  8 0
                  7 8
                  ───
                    2
```

この積み算より，$2 \div 13$ の商の列が

$$(0,)\ 1,\ 5,\ 3,\ 8,\ 4,\ 6,\ \cdots$$

で，余りの列が

$$(2,)\ 7,\ 5,\ 11,\ 6,\ 8,\ 2,\ \cdots$$

であることがわかります。

このことから，

$\dfrac{b}{13}$ $(b = 2,\ 5,\ 6,\ 7,\ 8,\ 11)$ の循環節は，153846

第 5 章 $\frac{1}{13}$ のふしぎ 〜2 種類の循環節

を巡回させた数になる。

ことがわかります。つまり,このことは $076923 \times b$ ($b = 2$, 5, 6, 7, 8, 11) の値が 153846 を巡回させた数になることを意味します。

この積み算から他にわかることも,ここでまとめておきましょう。

$2 \div 13$ の積み算で小数点を無視すると,

$$2 \div 13 = 0 \cdots 2$$
$$20 \div 13 = 1 \cdots 7$$
$$200 \div 13 = 15 \cdots 5$$
$$\cdots$$

が読み取れます。

したがって,$2 \div 13$ の余りの列は,$(2 \times 10^n) \div 13$ の余りの列です。

また,$2 \div 13$ の計算は余りの列に 2 が現れると,その後の計算は,$2 \div p$ の計算を初めから繰り返すことになります。

このことを式で書くと,ある自然数 n に対して

$$2 \times 10^n = (13 \text{ の倍数}) + 2$$

となります。ここで,

$$2 \times 10^n - 2 = (13 \text{ の倍数})$$
$$2 \times (10^n - 1) = (13 \text{ の倍数})$$

となります。2 と 13 は互いに素だから

$$10^n - 1 = (13 \text{ の倍数})$$

となって,

$$10^n = (13 \text{ の倍数}) + 1$$

となります。つまり, $(2 \times 10^n) \div 13$ の余りが 2 に等しくなるような最小の自然数 n と, $10^n \div 13$ の余りが 1 になるような最小の自然数 n は等しくなります。

$\dfrac{1}{13}$ の循環節の長さと $\dfrac{2}{13}$ の循環節の長さが, ともに 6 と等しくなるのは, このような理由によります。

このことは, 一般に成り立ちます。

> **定理 5.1.** p を 2 でも 5 でもない素数, a を p 未満の自然数とする。このとき, $\dfrac{a}{p}$ の循環節の長さは, p が $10^n - 1$ を割り切る最小の自然数 n になる。特に, 循環節の長さは分子 a によらず一定である。

5.2 スウィングする分数

前節で見たように, 分母が 13 の分数の循環節には, 076923 を巡回させた循環節と 153846 を巡回させた循環節の 2 種類がありました。そこで, 分母が 13 の分数を循環節が 076923 を巡回させた数になる分数と循環節が 153846 を巡回させた数になる分数の 2 つのグループに分けて

[076923] : $\dfrac{1}{13}$, $\dfrac{10}{13}$, $\dfrac{9}{13}$, $\dfrac{12}{13}$, $\dfrac{3}{13}$, $\dfrac{4}{13}$

第 5 章　$\frac{1}{13}$ のふしぎ 〜 2 種類の循環節

[153846] : $\frac{2}{13}$, $\frac{7}{13}$, $\frac{5}{13}$, $\frac{11}{13}$, $\frac{6}{13}$, $\frac{8}{13}$

とおきましょう。

　[076923] の分数は，1 番目の $\frac{1}{13}$ の循環節がグループ名の 076923 です。2 番目の $\frac{10}{13}$ の循環節が 076923 をひとつ巡回させた 769230 で，3 番目の $\frac{9}{13}$ の循環節が 076923 を 2 つ巡回させた 692307 です。右隣の分数を考えるごとに，循環節がひとつ巡回するように並べています。[153846] の分数についても同様です。このように並べると，[076923] の分数の分子が 1 ÷ 13 の余りの列

　　(1,) 10, 9, 12, 3, 4, 1, ⋯

になり，[153846] の分数の分子が 2 ÷ 13 の余りの列

　　(2,) 7, 5, 11, 6, 8, 2, ⋯

になります。

　このように分数をグループに分けると，

　076923 × a (a = 1, 3, 4, 9, 10, 12) の値は，
　076923 を巡回させた数になる。

という現象は，

　$\frac{a}{13}$ (a = 1, 3, 4, 9, 10, 12) は [076923] の分数
　になる。

といいかえられます。

$1 \div 13$ の余りの列は $10^n \div 13$ の余りの列に等しいので,ある 0 以上の整数 n に対して,a は

$$10^n = (13 \text{ の倍数}) + a$$

を満たします。両辺に $\dfrac{1}{13}$ をかけると,

$$10^n \times \frac{1}{13} = \{(13 \text{ の倍数}) + a\} \times \frac{1}{13}$$

となり,$\dfrac{a}{13}$ は

$$\frac{10^n}{13} = (\text{整数}) + \frac{a}{13}$$

を満たします。

同様に,

076923×b ($b = 2, 5, 6, 7, 8, 11$) の値は,153846 を巡回させた数になる。

という現象は,

$\dfrac{b}{13}$ ($b = 2, 5, 6, 7, 8, 11$) は [153846] の分数になる。

といいかえられます。$2 \div 13$ の余りの列は $(2 \times 10^n) \div 13$ の余りの列に等しいので,b はある 0 以上の整数 n に対して,

$$2 \times 10^n = (13 \text{ の倍数}) + b$$

を満たします。このことから,$\dfrac{b}{13}$ は

第 5 章 $\frac{1}{13}$ のふしぎ 〜2 種類の循環節

$$\frac{2 \times 10^n}{13} = (整数) + \frac{b}{13}$$

を満たす分数になることが導かれます。

分数の小数部分に着目することや，分数の分子を分母で割った余りに着目することは，数の規則性を見出す重要な考え方です。スウィングする 2 つの循環節のふしぎな現象を解き明かすカギにもなります。

5.3　2 倍のふしぎ

この節では，076923 と 153846 が見せるもうひとつのふしぎな現象，

> 076923 から始めて，2 倍を繰り返して，7 桁になれば 999999 を引くことを繰り返すと，076923 と 153846 を巡回させた数が交互に現れる。

が起こる理由を，別の角度から探っていきましょう。

引き続き，分母が 13 の分数のグループについて考えます。

[076923] : $\frac{1}{13}, \frac{10}{13}, \frac{9}{13}, \frac{12}{13}, \frac{3}{13}, \frac{4}{13}$

[153846] : $\frac{2}{13}, \frac{7}{13}, \frac{5}{13}, \frac{11}{13}, \frac{6}{13}, \frac{8}{13}$

2 倍の計算の最初のほうをもう一度書くと，

$$076923 \times 2 = 153846$$
$$153846 \times 2 = 307692$$
$$307692 \times 2 = 615384$$

となります。076923 と 153846 を巡回させた数が，スウィ

ングするように交互に現れています.

どうしてこのような現象が起こるのかを見るために，これらの計算を，分母が 13 の分数全体でながめてみましょう.

上の式の両辺を 999999 で割ると,

$$\frac{1}{13} \times 2 = \frac{2}{13} \quad ([153846]\text{ の分数})$$

$$\frac{2}{13} \times 2 = \frac{4}{13} \quad ([076923]\text{ の分数})$$

$$\frac{4}{13} \times 2 = \frac{8}{13} \quad ([153846]\text{ の分数})$$

となります.

$\frac{8}{13}$ の循環節 615384 の次の計算は,

$$615384 \times 2 = 1230768 = 999999 \times 1 + 230769$$

です．615384 × 2 は 7 桁の数になりますが，上の式を見るとわかるように，999999 を引くと，230769 となって，076923 を巡回させた数になっています．両辺を 999999 で割ると

$$\frac{8}{13} \times 2 = \frac{16}{13} = 1 + \frac{3}{13}$$

となって，$\frac{3}{13}$ の循環節が 230769 で，$\frac{3}{13}$ は [076923] の分数になります.

ここで，999999 を引く意味を説明します.

615384 × 2 − 999999 を 999999 で割ると,

$$\frac{615384}{999999} \times 2 - 1 = \left(1 + \frac{3}{13}\right) - 1 = \frac{3}{13}$$

となって，整数部分の 1 を引いて小数部分を求めているこ

第 5 章　$\frac{1}{13}$ のふしぎ 〜 2 種類の循環節

とになります。

このように，076923 から始めて 2 倍を繰り返し，7 桁になれば 999999 を引く計算を繰り返すことは，$\frac{1}{13}$ から始めて，2 倍して 1 を越えれば，小数部分を求める計算を繰り返すことと同じです。

つまり，076923 と 153846 のふしぎな現象，

> 076923 から始めて，2 倍を繰り返して 7 桁になれば 999999 を引くことを繰り返すと，076923 と 153846 を巡回させた数が交互に現れる。

は，

> $\frac{1}{13}$ から始めて，2 倍を繰り返して小数部分を求めることを繰り返すと，[076923] と [153846] の分数が交互に現れる。

といいかえられます。

それでは，[076923] の分数を 2 倍すると [153846] の分数になるのはどうしてでしょうか。

[076923] の分数 $\frac{a}{13}$ は，

$$\frac{10^n}{13} = (整数) + \frac{a}{13}$$

を満たす分数で，2 倍すると

$$\frac{2 \times 10^n}{13} = (整数) + 2 \times \frac{a}{13}$$

となります。

一方, [153846] の分数 $\dfrac{b}{13}$ は,

$$\frac{2 \times 10^n}{13} = (\text{整数}) + \frac{b}{13}$$

を満たす分数です. したがって,

$$2 \times \frac{a}{13} = (\text{整数}) + \frac{b}{13}$$

となって, [076923] の分数を 2 倍すると [153846] の分数になることがわかりました.

では, [153846] の分数を 2 倍すると [076923] の分数になるのはどうしてなのでしょうか.

$$\frac{2 \times 10^n}{13} = (\text{整数}) + \frac{b}{13}$$

の両辺を 2 倍すると,

$$\frac{4 \times 10^n}{13} = (\text{整数}) + \frac{2 \times b}{13} \tag{5.1}$$

となります. $\dfrac{2 \times b}{13}$ の小数部分を $\dfrac{k}{13}$ とおくと, (5.1) 式は

$$\frac{4 \times 10^n}{13} = (\text{整数}) + \frac{k}{13} \tag{5.2}$$

となります. $\dfrac{k}{13}$ が [076923] の分数であることを示すことが, ここでの目標です.

4 は 1 ÷ 13 の余りの列の数です. 1 ÷ 13 の余りの列は $10^n \div 13$ の余りの列に等しいことから, 4 は $10^n = (13 \text{ の倍数}) + 4$ と表されます. 実際に 4 は,

$$10^5 = 13 \times 7692 + 4 = (13 の倍数) + 4$$

を満たします。

この式に 10^n をかけると,

$$10^5 \times 10^n = (13 の倍数) + 4 \times 10^n$$

となり,さらに両辺を 13 で割ると,

$$\frac{10^{n+5}}{13} = (整数) + \frac{4 \times 10^n}{13}$$

となります。したがって,(5.2) 式から

$$\frac{10^{n+5}}{13} = (整数) + \frac{k}{13}$$

となって,$\frac{k}{13}$ が [076923] の分数であることが示されました。

分母が 13 の分数を 2 倍すると,分数の属する [076923] または [153846] のグループが変わります。

2 倍を繰り返すと,[076923] のグループ,[153846] のグループ,[076923] のグループ,[153846] のグループ,… と分数のグループが巡回します。循環節だけでなく,グループもめぐっているのです。

こんどはグループではなく,分数そのものに着目してみましょう。

$\dfrac{1}{13}$ から始めて，2 倍して小数部分を求めることを繰り返す計算を，異なる角度からながめてみましょう。

$\dfrac{1}{13}$ から始めて，2 倍して小数部分を求めることを繰り返す計算は，0 以上の整数 n に対して，

$$\dfrac{2^n}{13} = (整数) + \dfrac{k}{13} \quad (1 \leqq k \leqq 12)$$

を満たす分数 $\dfrac{k}{13}$ を求めることと同じになります。$\dfrac{1}{13}$ から始めて，2 倍して小数部分を求める計算の結果は

$\dfrac{1}{13} \to \dfrac{2}{13} \to \dfrac{4}{13} \to \dfrac{8}{13} \to \dfrac{3}{13} \to \dfrac{6}{13} \to \dfrac{12}{13}$

となって，[076923] と [153846] の分数が交互に並んでいます。引き続き計算すると，

$\dfrac{12}{13} \to \dfrac{11}{13} \to \dfrac{9}{13} \to \dfrac{5}{13} \to \dfrac{10}{13} \to \dfrac{7}{13} \to \dfrac{1}{13}$

となり，やはり [076923] と [153846] の分数が交互に並びます。そして，この計算の結果，分母が 13 の分数がすべて並んでいます。

まとめると，分母が 13 の分数 $\dfrac{k}{13}$ は，ある 0 以上の整数 n に対して，

$$\dfrac{2^n}{13} = (整数) + \dfrac{k}{13}$$

を満たします。n が偶数のときは，$\dfrac{k}{13}$ は [076923] の分数になり，n が奇数のときは，$\dfrac{k}{13}$ は [153846] の分数になります。

076923 と 153846 のふしぎな現象，

> 076923 から始めて，2 倍を繰り返して 7 桁になれば 999999 を引くことを繰り返すと，076923 と 153846 を巡回させた数が交互に現れる。

が成り立つ理由が，簡潔にまとめられました。

分母が 13 の分数の表し方は，いくつもあります。循環節の巡回に着目する場合は，

$$\dfrac{10^n}{13} = (整数) + \dfrac{a}{13}$$

と

$$\dfrac{2 \times 10^n}{13} = (整数) + \dfrac{b}{13}$$

がわかりやすいですし，2 倍でグループが入れ替わることに着目する場合は，

$$\dfrac{2^n}{13} = (整数) + \dfrac{k}{13}$$

が明瞭です。

同じように，分母が p の分数の表し方もいくつもあります。表し方の数だけ，それに応じた現象のバリエーションがあったり，ひとつの現象を 2 通りに表すことで公式が得られたりします。

多くの表し方をもっていることが，分母が p の分数の世界や p で割った余りの数の世界の豊かさにつながっています。

第6章 循環節を回す6のふしぎ

前章までで，2倍することによって，076923 と 153846 が交互に行ったり来たりしながら，スウィングするように巡回している理由が明らかになりました。

この章では，分母が 13 の分数の循環節とグループの個数の関係を調べ，残った次の問題を考えましょう。

> **2のかわりに別の数を考えると，どのような巡回が起こるでしょうか。**

6.1 ラグランジュの定理

分母が 13 の分数の循環節の長さと，グループの個数の関係について調べてみましょう。前章までと同じように，

[076923]: $\dfrac{1}{13}$, $\dfrac{10}{13}$, $\dfrac{9}{13}$, $\dfrac{12}{13}$, $\dfrac{3}{13}$, $\dfrac{4}{13}$

[153846]: $\dfrac{2}{13}$, $\dfrac{7}{13}$, $\dfrac{5}{13}$, $\dfrac{11}{13}$, $\dfrac{6}{13}$, $\dfrac{8}{13}$

とおきます。[076923] は，循環節が 076923 を巡回させた数になる分数の集まりです。[153846] は，循環節が 153846 を巡回させた数になる分数の集まりです。

$\dfrac{1}{13}$, $\dfrac{2}{13}$ の循環節が，それぞれの行におけるグループ名となっています。分数は，分子が $1 \div 13$ の余りの列や $2 \div 13$

の余りの列になっています。

1 ÷ 13 の余りの列の数と 2 ÷ 13 の余りの列の数の個数が等しいので，[076923] と [153846] の分数の個数が等しくなります。

また，076923 を巡回させても 153846 にならないので，[076923] と [153846] の両方に含まれる分数は存在しません。

このように考えると，分母が 13 の 12 個の分数を，循環節の巡回に着目して [076923] と [153846] に分けたときの個数の関係式

$$12 = 2 \times 6$$

は，分母が 13 の 12 個の分数についての

(分数の個数) = (循環節の種類) × (循環節の長さ)

という関係式であることがわかります。

このことは一般に成り立ちます。

> **定理 6.1.** p を 2 でも 5 でもない素数とする。分母が p の分数について，
>
> $p - 1 =$ (循環節の種類) × (循環節の長さ)
>
> が成り立つ。

定理 6.1 は，群論と呼ばれる分野における有限群の**ラグランジュの定理**を，p 未満の自然数の群に適用して，分母が p の分数の個数で表したものです。本書では，この定理 6.1 をラグランジュの定理と呼ぶことにします。

第 6 章　循環節を回す 6 のふしぎ

$p = 3$, 7, 11 で確認してみましょう。

$p = 3$ のとき，分母が 3 の分数の循環節を求めると，

$$\frac{1}{3} = 0.\dot{3}, \quad \frac{2}{3} = 0.\dot{6}$$

となります。循環節の種類が 3 と 6 の 2 種類で，循環節の長さはともに 1 です。

$$3 - 1 = 2 \times 1$$

となって，定理 6.1 が成り立っています。

$p = 7$ のときは，分母が 7 の分数の循環節は 142857 の 1 種類で，循環節の長さは 6 です。

$$7 - 1 = 1 \times 6$$

となって，定理 6.1 が成り立っています。

$p = 11$ のときはどうでしょうか。分母が 11 の分数の循環節を求めると，

$$\frac{1}{11} = 0.\dot{0}\dot{9}, \quad \frac{10}{11} = 0.\dot{9}\dot{0}$$

$$\frac{2}{11} = 0.\dot{1}\dot{8}, \quad \frac{9}{11} = 0.\dot{8}\dot{1}$$

$$\frac{3}{11} = 0.\dot{2}\dot{7}, \quad \frac{8}{11} = 0.\dot{7}\dot{2}$$

$$\frac{4}{11} = 0.\dot{3}\dot{6}, \quad \frac{7}{11} = 0.\dot{6}\dot{3}$$

$$\frac{5}{11} = 0.\dot{4}\dot{5}, \quad \frac{6}{11} = 0.\dot{5}\dot{4}$$

となります。循環節の種類が 09, 18, 27, 36, 45 の 5 種類

であり，循環節の長さが 2 だから，

$$11 - 1 = 5 \times 2$$

となって，やはり定理 6.1 が成り立っています。

定理 6.1 から，次の重要な定理が導かれます。

定理 6.2. p を 2 でも 5 でもない素数とする。$\dfrac{1}{p}$ の循環節の長さは，$p-1$ の約数である。

例で確かめましょう。次の表は，循環節の長さ d の表です。100 以下の素数 p に対し，定理 6.2 が確認できます。

p	2	3	5	7	11	13	17	19	23
d	−	1	−	6	2	6	16	18	22
p	29	31	37	41	43	47	53	59	61
d	28	15	3	5	21	46	13	58	60
p	67	71	73	79	83	89	97		
d	33	35	8	13	41	44	96		

50 以下の素数で確かめると，

$$p = 7,\ 17,\ 19,\ 23,\ 29,\ 47$$

の場合に，循環節の長さは $p-1$ になり，定理 6.2 が成り立っています。循環節がダイヤル数になる場合です。

$p = 3,\ 11,\ 13$ の場合は，定理 6.1 のところですでに確認しています。まだ確認していないのは，$p = 31,\ 37,\ 41,\ 43$

第6章 循環節を回す6のふしぎ

の場合です。

$p=31$ のとき,循環節の長さ 15 は $31-1=30$ を割り切ります。$p=37$ のとき,循環節の長さ 3 は $37-1=36$ を割り切ります。$p=41$ のとき,循環節の長さ 5 は $41-1=40$ を割り切ります。$p=43$ のとき,循環節の長さ 21 は $43-1=42$ を割り切ります。確かに,定理 6.2 が成り立っています。

定理 6.2 を使うと,$\dfrac{1}{p}$ の循環節の長さの候補を絞ることができます。

例として,$p=7$ のときを考えましょう。このとき,

$$p-1=7-1=6$$

の約数は

$$1,\ 2,\ 3,\ 6$$

です。したがって,$\dfrac{1}{7}$ の循環節の長さは,1, 2, 3, 6 のいずれかとなります。

$$1 \div 7 = 0 \cdots 1$$
$$10 \div 7 = 1 \cdots 3$$
$$30 \div 7 = 4 \cdots 2$$
$$20 \div 7 = 2 \cdots 6$$

と計算して,余りの列の第 3 項までに余り 1 が現れないことから,$\dfrac{1}{7}$ の循環節の長さが 3 より大きいことがわかります。残りは計算しなくても,循環節の長さは 6 と確定できます。

この方法は，$p-1$ の約数が少ない場合に効果的です．第 10 章で登場する定理 10.6 や定理 10.7 で，より詳しく説明します．

定理 6.2 からフェルマーの小定理も導かれます．

循環節の長さは $p-1$ の約数なので，$1 \div p$ の余りの列の第 $p-1$ 項は 1 になります．$1 \div p$ の余りの列は $10^n \div p$ の余りの列に等しいので，$10^{p-1} \div p$ の余りが 1 になり，p が $10^{p-1} - 1$ を割り切ります．この性質は，(10 を底とする) **フェルマーの小定理**と呼ばれています．

定理 6.3. p を 2 でも 5 でもない素数とする．このとき，p は $10^{p-1} - 1$ を割り切る．

$p = 3, 7$ として，確認しておきましょう．
$p = 3$ のとき，

$$10^{3-1} - 1 = 99 = 3^2 \times 11$$

となって，3 は $10^{3-1} - 1$ を割り切ります．
$p = 7$ のとき，

$$10^{7-1} - 1 = 999999 = 3^3 \times 7 \times 11 \times 13 \times 37$$

となって，7 は $10^{7-1} - 1$ を割り切ります．

フェルマーの小定理は，一般の底 a で成り立ちます．

素数 p と互いに素な整数 a に対して，p が $a^{p-1} - 1$ を割り切る．

フェルマーの小定理は，p と互いに素な $p-1$ 乗数を p で

割った余りがいつでも 1 になることを意味しています。群論という分野の萌芽になった定理です。

6.2 6 倍のふしぎ

第 5 章で，[076923] の分数は

$$\frac{10^n}{13} = (整数) + \frac{a}{13}$$

を満たす分数 $\dfrac{a}{13}$ の列，

$$[076923] : \frac{1}{13}, \frac{10}{13}, \frac{9}{13}, \frac{12}{13}, \frac{3}{13}, \frac{4}{13}$$

であること，そして [153846] の分数は，

$$\frac{2 \times 10^n}{13} = (整数) + \frac{b}{13}$$

を満たす分数 $\dfrac{b}{13}$ の列，

$$[153846] : \frac{2}{13}, \frac{7}{13}, \frac{5}{13}, \frac{11}{13}, \frac{6}{13}, \frac{8}{13}$$

であることを確認しました。

さらに，[076923] の分数を 2 倍すると [153846] の分数になり，[153846] の分数を 2 倍すると [076923] の分数になることも見てきました。

では，[076923] の分数を 4 倍するとどうなるでしょうか。

[076923] の分数を 2 倍すると [153846] の分数になり，さらに 2 倍すると [076923] の分数になります。したがって，[076923] の分数を 4 倍すると，[076923] の分数になります。

確認のため，[076923] の分数を 4 倍してみましょう．

$$10^5 = (13 \text{ の倍数}) + 4$$

より，両辺に 10^n をかけて

$$10^{n+5} = (13 \text{ の倍数}) + 10^n \times 4$$

となります．両辺を 13 で割ると

$$\frac{10^{n+5}}{13} = (\text{整数}) + \frac{10^n}{13} \times 4$$

となります．$\frac{10^n}{13} = (\text{整数}) + \frac{a}{13}$ だから，

$$\frac{10^{n+5}}{13} = (\text{整数}) + \frac{a}{13} \times 4$$

が得られます．[076923] の分数を 4 倍すると，[076923] の分数になることがわかりました．

では，

> **2 のかわりに 2 ÷ 13 の余りの列の別の数を使うと，どのような現象が起こるでしょうか．**

2 のかわりに，2 ÷ 13 の余りの列

$$(2,)\ 7,\ 5,\ 11,\ 6,\ 8,\ 2$$

で，2 の次にある 7 を使ってみましょう．

$\frac{1}{13}$ から始めて，7 倍を繰り返してみます．

第 6 章　循環節を回す 6 のふしぎ

$$\frac{1}{13} \times 7 = \frac{7}{13}$$

$$\frac{7}{13} \times 7 = \frac{49}{13} = (整数) + \frac{10}{13}$$

$$\frac{10}{13} \times 7 = \frac{70}{13} = (整数) + \frac{5}{13}$$

$$\cdots$$

となります。この計算で，どのように分数が移っていくかをまとめると，次のようになります。

[076923]：　$\frac{1}{13}$　　$\frac{10}{13}$　　$\frac{9}{13}$　　$\frac{12}{13}$　　$\frac{3}{13}$　　$\frac{4}{13}$
　　　　　　↑↘↑↘↑↘↑↘↑↘↑
[153846]：　$\frac{2}{13}$　　$\frac{7}{13}$　　$\frac{5}{13}$　　$\frac{11}{13}$　　$\frac{6}{13}$　　$\frac{8}{13}$

なお，$\frac{2}{13}$ を 7 倍すれば $\frac{1}{13}$ になるので，その矢印も加えています。また，矢印は書いていませんが，$\frac{4}{13}$ を 7 倍すれば $\frac{2}{13}$ になります。7 倍を繰り返すことによって，[076923]，[153846] の分数が交互に，右にひとつずつ移動しながら現れていることがわかります。

7 倍を 2 回繰り返すと，[076923] の分数をひとつ移動させることになります。これは，

$$7^2 = 49 = 13 \times 3 + 10$$

であることから，

$$7^2 = (13 の倍数) + 10$$

が成り立って,

$$\frac{a}{13} \times 7^2 = (整数) + \frac{a}{13} \times 10$$

となるからです。このように,

$$x^2 = (13 の倍数) + 10$$

を満たす自然数 x があれば, x 倍を 2 回繰り返すと, [076923] の分数を 10 倍することになり, [076923] の分数をひとつ移動した分数になります。

$x^2 = (13の倍数) + 10$ を満たす **13 未満の自然数** x は, **7** に限るのでしょうか。

$$x^2 = (13 の倍数) + 10$$
$$7^2 = 13 \times 3 + 10$$

の辺々を引くと,

$$x^2 - 7^2 = (13 の倍数)$$

となります。変形すると

$$x^2 - 7^2 = (x - 7)(x + 7) = (13 の倍数)$$

となり, 13 は $x - 7$, または, $x + 7$ を割り切ります。13 が $x - 7$ を割り切るような 13 未満の自然数 x は 7 です。そして, 13 が $x + 7$ を割り切るような 13 未満の自然数 x は 6

第 6 章　循環節を回す 6 のふしぎ

です。

したがって，6 倍を繰り返すと，7 倍を繰り返したのと似たような現象が起こります。

$\frac{1}{13}$ から始めて，6 倍を繰り返してみましょう。

$$\frac{1}{13} \times 6 = \frac{6}{13}$$

$$\frac{6}{13} \times 6 = \frac{36}{13} = (整数) + \frac{10}{13}$$

$$\frac{10}{13} \times 6 = \frac{60}{13} = (整数) + \frac{8}{13}$$

$$\cdots$$

となります。すべての場合を書くと，次のようになります。

[076923] :　$\frac{1}{13}$　　$\frac{10}{13}$　　$\frac{9}{13}$　　$\frac{12}{13}$　　$\frac{3}{13}$　　$\frac{4}{13}$
　　　　　↓　↗　↓　↗　↓　↗　↓　↗　↓　↗　↓
[153846] :　$\frac{6}{13}$　　$\frac{8}{13}$　　$\frac{2}{13}$　　$\frac{7}{13}$　　$\frac{5}{13}$　　$\frac{11}{13}$

矢印は書いていませんが，$\frac{11}{13}$ を 6 倍すれば，$\frac{1}{13}$ になります。

現れる分数の順序は違っても，6 倍と 7 倍で現象は似ているので，数が小さいほうを選ぶことにしましょう。

6 倍の計算をまとめます。分母が 13 の分数 $\frac{k}{13}$ は，ある 0 以上の整数 n に対し，

$$\frac{6^n}{13} = (整数) + \frac{k}{13}$$

を満たします。$n = 0, 1, 2, \cdots$ のとき，$\frac{k}{13}$ は分母が 13

のすべての分数になります。分子に着目すると,

$$6^n = (13 \text{ の倍数}) + k$$

となります。$6^n \div 13$ の余りに,13 未満の自然数がすべて現れます。

このようなとき,6 は 13 を法とする**原始根**であるといいます。7 も 13 を法とする原始根です。5.3 節の計算から,2 も 13 を法とする原始根であるといえます。

一方,10 は 13 を法とする原始根ではありません。$10^n \div 13$ の余りには,1, 10, 9, 12, 3, 4 の 6 個しか現れないからです。

$$6^n = (13 \text{ の倍数}) + k$$

を満たす n と k の関係は,

n	0	1	2	3	4	5	6	7	8	9	10	11
k	1	6	10	8	9	2	12	7	3	5	4	11

です。このような表を**指数表**といいます。

指数表と,

$$\frac{1}{13} = 0.\dot{0}7692\dot{3}, \quad \frac{6}{13} = 0.\dot{4}6153\dot{8}$$

があれば,分母が 13 の分数の循環節は,次のように簡単に求まります。

たとえば,$n = 2$ のとき,$k = 10$ より,

$$6^2 = (13 \text{ の倍数}) + 10$$

がわかります。両辺を n 乗すると

$$(6^2)^n = \{(13 \text{ の倍数}) + 10\}^n$$
$$6^{2n} = (13 \text{ の倍数}) + 10^n$$

となります。

$1 \div 13$ の余りの列は $10^n \div 13$ の余りの列に等しいので，上の式より，$1 \div 13$ の余りは $6^{2n} \div 13$ の余りの列に等しいことがわかります。したがって，指数表の上段 n が偶数のときの k の値

1, 10, 9, 12, 3, 4

が，$1 \div 13$ の余りの列になります。$\dfrac{1}{13}, \dfrac{10}{13}, \dfrac{9}{13}, \cdots$ と分子が変わるにつれて，076923, 769230, 692307, $\cdots$ と，循環節が巡回します。

また，$6 \div 13$ の余りの列は，$6 \times 10^n \div 13$ の余りの列に等しいので，

$$6 \times 10^n = (13 \text{ の倍数}) + 6 \times 6^{2n} = (13 \text{ の倍数}) + 6^{2n+1}$$

より，指数表の上段 n が奇数のときの k の値

6, 8, 2, 7, 5, 11

が，$6 \div 13$ の余りの列になります。

$\dfrac{6}{13}, \dfrac{8}{13}, \dfrac{2}{13}, \cdots$，と分子が変わるにつれて，461538, 615384, 153846, $\cdots$，と循環節が巡回します。

このように原始根 6 に着目すると，分母が 13 の分数の循環節を効率よくまとめることができます。

$p = 13$ の場合は，$p = 7, 17, 19, \cdots$，の場合と異なり，

$10^n \div 13$ の余りの列に現れる数は,13 未満の自然数の全体にはなりません。しかし,10 を原始根 6 と取り替えることによって,$6^n \div 13$ の余りの列には 13 未満の自然数がすべて現れ,13 を分母とする分数の循環節が,グループを交互に行き来しながらスウィングするように巡回します。

13 以外の素数についても原始根が存在し,同じような現象が起きます。

たとえば,$p = 7$ のとき,原始根として $g = 3$ がとれます。

$$3^n = (7 \text{ の倍数}) + k$$

を満たす n と k の関係は,

n	0	1	2	3	4	5
k	1	3	2	6	4	5

となります。

$$10 = 7 \times 1 + 3$$

だから,$10^n \div 7$ の余りの列は $3^n \div 7$ の余りの列に等しいので,$\dfrac{1}{7}, \dfrac{3}{7}, \dfrac{2}{7}, \cdots$ と分子が変わるにつれて,

$$\frac{1}{7} = 0.\dot{1}4285\dot{7}$$

の循環節が巡回します。

$p = 11$ のとき,原始根として $g = 2$ がとれます。

$$2^n = (11 \text{ の倍数}) + k$$

を満たす n と k の関係は,

第6章 循環節を回す6のふしぎ

n	0	1	2	3	4	5	6	7	8	9
k	1	2	4	8	5	10	9	7	3	6

となります。表より

$$2^5 = (11 \text{ の倍数}) + 10$$

だから，$10^n \div 11$ の余りの列は $2^{5n} \div 11$ の余りの列に等しいので，指数表の上段 n が 5 の倍数のときの k の値 1, 10 に合わせて，$\dfrac{1}{11}$, $\dfrac{10}{11}$ と分子が変わるにつれて，

$$\frac{1}{11} = 0.\dot{0}\dot{9}$$

の循環節が巡回します。また，$(2 \times 10^n) \div 11$ の余りの列は $2^{5n+1} \div 11$ の余りの列に等しいので，指数表の上段 n が 5 で割って 1 余る数のときの k の値 2, 9 に合わせて，$\dfrac{2}{11}$, $\dfrac{9}{11}$ と分子が変わるにつれて，

$$\frac{2}{11} = 0.\dot{1}\dot{8}$$

の循環節が巡回します。

素数はいつでもめぐっているのです。

スウィングするようにめぐる 2 つの数には，実はさらに深い数の神秘がひそんでいます。数論の大法則が関わってくるその探究は第Ⅲ部に譲り，続く第 7 章では循環節の数字に注目して思いがけない数のふしぎを体感することにしましょう。

第7章 $\dfrac{1}{19}$ のふしぎ 〜循環節に現れる数字

　ここまで，$\dfrac{1}{p}$ の循環節に自然数をかけたときにどのような現象が起こるかを見てきました。この章では視点を変えて，循環節に現れる数字に注目してみましょう。ここにも，思いがけない法則がひそんでいます。

7.1 循環節の1の位

　1の位が1である素数の逆数を調べてみましょう。

$$\dfrac{1}{11} = 0.\dot{0}\dot{9}$$
$$\dfrac{1}{31} = 0.\dot{0}3225806451612\dot{9}$$

　ここに，どのような規則性があるでしょうか。循環節の1の位に着目してください。

　どちらも9になっています。

　次の41で確かめると，

$$\dfrac{1}{41} = 0.\dot{0}243\dot{9}$$

となって，やはり循環節が9で終わっています。

　1の位が1である素数の逆数を小数で表すと，循環節の1の位は9になりそうです。

　続いて，1の位が3である素数の逆数も調べましょう。

第7章 $\dfrac{1}{19}$ のふしぎ 〜循環節に現れる数字

$$\dfrac{1}{3} = 0.\dot{3}$$
$$\dfrac{1}{13} = 0.\dot{0}7692\dot{3}$$
$$\dfrac{1}{23} = 0.\dot{0}434782608695652173913\dot{}$$

すべて 3 で終わっています。

1 の位が 7 である素数の逆数は,

$$\dfrac{1}{7} = 0.\dot{1}4285\dot{7}$$
$$\dfrac{1}{17} = 0.\dot{0}588235294117647\dot{}$$
$$\dfrac{1}{37} = 0.\dot{0}2\dot{7}$$

と,循環節が 7 で終わります。

最後に,1 の位が 9 である素数の逆数を調べましょう。

$$\dfrac{1}{19} = 0.\dot{0}5263157894736842\dot{1}$$
$$\dfrac{1}{29} = 0.\dot{0}344827586206896551724137793\dot{1}$$
$$\dfrac{1}{59} = 0.\dot{0}16949152542372881355932203389830508474$$
$$5762711864406779966\dot{1}$$

循環節の 1 の位に着目すると,循環節の長さ d に関係なく,すべて 1 になっています。循環節の長さ d が 58 になる $\dfrac{1}{59}$ の場合も例外ではありません。これは驚きです。

次の関係が成り立っているようです。

分母 p の 1 の位	循環節の 1 の位
1	9
9	1
3	3
7	7

ここで, p は 2 でも 5 でもない素数なので, 分母 p の 1 の位は 1, 3, 7, 9 の 4 つになります。この表の 1 行目から 3 行目は,

$$1 \times 9 = 9, \quad 9 \times 1 = 9, \quad 3 \times 3 = 9$$

と, かけて 9 になる 2 数になっています。4 行目の 2 数は, かけて 9 にはなりませんが,

$$7 \times 7 = 49$$

だから,

$$7 \times 7 = 10 \times 4 + 9$$

が成り立っています。

以上をまとめると,

(分母 p の 1 の位) × (循環節の 1 の位) = (10 の倍数) + 9

となります。

なぜこうなるのか, その理由を探るために, $1 \div p$ の割り算を振り返りましょう。

例として, $p = 11$ とします。$1 \div 11$ の割り算は,

$$10 = 11 \times 0 + 10$$

第 7 章　$\frac{1}{19}$ のふしぎ 〜循環節に現れる数字

$$100 = 11 \times 9 + 1$$

です．余りに 1 が現れたので，計算が終了し，

$$\frac{1}{11} = 0.\dot{0}\dot{9}$$

となります．循環節 09 の 1 の位 9 が求まる計算式が，

$$100 = 11 \times \mathbf{9} + 1$$

です．ここで，p の 1 の位に着目します．1 の位は 10 で割った余りなので，上の式を変形していくと

$$(10 \text{ の倍数}) = (10 + 1) \times 9 + 1$$
$$(10 \text{ の倍数}) = (10 \text{ の倍数}) + 1 \times 9 + 1$$
$$(10 \text{ の倍数}) = 1 \times 9 + 1$$

となります．

$p = 31$ の場合は，

$$10 = 31 \times 0 + 10$$
$$100 = 31 \times 3 + 7$$
$$\cdots$$
$$280 = 31 \times 9 + 1$$

となって，余りに 1 が現れたところで計算が終了し，

$$\frac{1}{31} = 0.\dot{0}32258064516129\dot{}$$

となります．循環節の 1 の位 9 が求まる計算式は，

$$280 = 31 \times \mathbf{9} + 1$$

です。ここで，p の 1 の位に着目して $p = 11$ の場合と同様に考えると，

$$(10 \text{ の倍数}) = (30 + 1) \times 9 + 1$$
$$(10 \text{ の倍数}) = (10 \text{ の倍数}) + 1 \times 9 + 1$$
$$(10 \text{ の倍数}) = 1 \times 9 + 1$$

となります。$p = 11$ の場合と同じ式が現れました。

素数 p の 1 の位が 1 のとき，$p = (10 \text{ の倍数}) + 1$ となるので，このことはいつでも成り立ちそうです。

一般に，$1 \div p$ の割り算を考えます。この割り算において，割られる数は 10 の倍数で，割る数は p です。

$$10 = pq_1 + r_1$$
$$10r_1 = pq_2 + r_2$$
$$\cdots$$
$$10r_{d-1} = pq_d + r_d$$

で，余り r_d が 1 になったところで計算が終了し，$\dfrac{1}{p}$ の循環節が求まります。このとき，循環節の 1 の位は q_d になります。

ここで，$p = (10 \text{ の倍数}) + 1$ より，

$$(10 \text{ の倍数}) = \{(10 \text{ の倍数}) + 1\}q_d + 1$$

となり，

$$(10 \text{ の倍数}) = q_d + 1$$

が成り立ちます。q_d は 10 未満の自然数だから,

$$q_d = 9$$

が求まります。

p の 1 の位が 3 のとき,$p = (10 \text{ の倍数}) + 3$ より,

$$(10 \text{ の倍数}) = \{(10 \text{ の倍数}) + 3\}q_d + 1$$

となり,

$$(10 \text{ の倍数}) = 3q_d + 1$$

が成り立ちます。q_d は 10 未満の自然数だから,

$$q_d = 3$$

が求まります。

$$\frac{1}{3} = 0.\dot{3}, \quad \frac{1}{13} = 0.\dot{0}7692\dot{3}, \cdots$$

と確認できます。

同様にして,$p = (10 \text{ の倍数}) + 7$ のとき,$q_d = 7$ となり,$p = (10 \text{ の倍数}) + 9$ のとき,$q_d = 1$ となることが示せます。

$$\frac{1}{7} = 0.\dot{1}4285\dot{7}, \cdots$$

$$\frac{1}{19} = 0.\dot{0}52631578947368421\dot{1}, \cdots$$

と確認できます。循環節の長さがどんなに長くても,$\dfrac{1}{p}$ を

小数に表して確認することなく，循環節の1の位がわかるのは驚きです。

実は，この考え方を応用すると，$\dfrac{1}{p}$ の循環節を1の位から逆の順に求めることができます。次節で詳しく見てみましょう。

7.2 循環節と等比数列〜逆順に求まるふしぎ

$\dfrac{1}{19}$ を循環小数に展開してみます。

$$10 = 19 \times 0 + 10$$
$$100 = 19 \times 5 + 5$$
$$50 = 19 \times 2 + 12$$
$$\cdots$$

と計算を続けて，

$$\frac{1}{19} = 0.\dot{0}5263157894736842\dot{1}$$

となります。循環節に現れる数字に規則性はあるでしょうか。右側の1から順に見てみましょう。

循環節を右から読むと，

$$1, 2, 4, 8$$

と，隣り合う項の比が2で一定の数列，つまり公比2の等比数列になっています。残念ながら，8の次は16ではありませんが，6が次の数で，1の位は合っています。この興味

第7章 $\frac{1}{19}$ のふしぎ 〜循環節に現れる数字

深い現象の背後に、どのような法則がひそんでいるのでしょうか。

こんどは、$\frac{1}{29}$ を小数で表してみましょう。同じような規則性はあるでしょうか。

$$\frac{1}{29} = 0.\dot{0}344827586206896551724137931\dot{1}$$

の循環節を右から読むと、

$$1,\ 3,\ 9$$

と、公比 3 の等比数列になっています。残念ながら 9 の次は 27 ではありませんが、7 が次の数で、1 の位は合っています。

前節で見たように、1 の位が 9 の素数の逆数を循環小数で表すと、循環節の最後が 1 で終わります。この節では、1 の位が 9 の素数を $10n-1$ で表します。たとえば、$n=2$ のときは $p=19$、$n=3$ のときは $p=29$ です。

このような表し方をすると、上の例から、最後の 1 から逆の順に循環節を読むと、公比 n の等比数列と関係するようです。$p=19$ のとき、$n=2$ だから公比が 2 の等比数列になり、$p=29$ のとき、$n=3$ だから公比が 3 の等比数列になります。

実は、$\frac{1}{19}$ の循環節は次のようにして、逆の順に、1, 2, 4, 8, 6, … と求められます。

(1) 初項 1、公比 2 の等比数列を並べる。
(2) (1) の数を 19 で割った余りを並べる。

(3) (2) の数の 1 の位を並べる.

具体例で説明しましょう.
まず,

$$1, 2, 4, 8, 16, 32, 64, 128, \cdots \quad (7.1)$$

と,初項 1,公比 2 の等比数列を並べます.
次に,19 より大きい数に対して

$$32 \div 19 = 1 \cdots 13$$
$$64 \div 19 = 3 \cdots 7$$
$$128 \div 19 = 6 \cdots 14$$
$$\cdots$$

と計算して,

$$1, 2, 4, 8, 16, 13, 7, 14, \cdots \quad (7.2)$$

と,(7.1) を 19 で割った余りを並べます.
最後に,

$$1, 2, 4, 8, 6, 3, 7, 4, \cdots$$

と,(7.2) の 1 の位を並べます.確かに,$\dfrac{1}{19}$ の循環節が逆の順に求まっています.

一般に,$10n - 1$ の形の素数 p に対して,$\dfrac{1}{p}$ の循環節は次のようにして,逆の順に求まります.

(1) 初項 1,公比 n の等比数列を並べる.
(2) (1) の数を p で割った余りを並べる.

第7章 $\frac{1}{19}$ のふしぎ 〜循環節に現れる数字

(3) (2) の数の 1 の位を並べる。

$10n - 1 = p$ を満たす自然数 n が公比です。

$n = 2$, $p = 10 \times 2 - 1 = 19$ の場合が，先ほどの例でした。

$n = 3$, $p = 10 \times 3 - 1 = 29$ の場合を確かめましょう。

この場合，

$$\frac{1}{29} = 0.\dot{0}344827586206896551724137793\dot{1}$$

でした。初項 1，公比 3 の等比数列

$$1, \ 3, \ 9, \ 27, \ 81, \ 243, \cdots$$

を 29 で割った余り

$$1, \ 3, \ 9, \ 27, \ 23, \ 11, \cdots$$

の 1 の位の数

$$1, \ 3, \ 9, \ 7, \ 3, \ 1, \cdots$$

が，$\frac{1}{29}$ の循環節を逆の順に並べた数列になっています。

では，どうしてこのような現象が起こるのでしょうか。理由を探っていきましょう。

$1 \div p$ の商の列

$$(q_0,) \ q_1, \ q_2, \cdots$$

と，余りの列

$$(r_0,) \ r_1, \ r_2, \cdots$$

を調べます。ここで，$q_0 = 0$, $r_0 = 1$ です。

まず，余りの列を見ましょう。

$1 \div p$ の余りの列は，$10^k \div p$ の余りの列でした。$p = 10n - 1$ より，

$$10 \times n = 1 + p = (p \text{ の倍数}) + 1$$

となります。このような $10 \times n = (p \text{ の倍数}) + 1$ を満たす n を，p を法とする **10 の逆数**といいます。このとき，$1 \div p$ の余りの列は，$n^k \div p$ の余りの列を逆順に並べた列になります。

なぜなら，$10 \times n = (p \text{ の倍数}) + 1$ の両辺を k 乗すると，

$$(10 \times n)^k = \{(p \text{ の倍数}) + 1\}^k$$
$$10^k \times n^k = (p \text{ の倍数}) + 1$$

となります。両辺に 10^{p-1-k} をかけると，

$$10^{p-1-k} \times 10^k \times n^k = 10^{p-1-k} \times \{(p \text{ の倍数}) + 1\}$$
$$10^{p-1} \times n^k = (p \text{ の倍数}) + 10^{p-1-k} \quad (7.3)$$

となります。フェルマーの小定理 (定理 6.3)

  p は $10^{p-1} - 1$ を割り切る

より，

$$10^{p-1} = (p \text{ の倍数}) + 1$$

だから，(7.3) 式は

$$\{(p \text{ の倍数}) + 1\} \times n^k = (p \text{ の倍数}) + 10^{p-1-k}$$

第7章 $\frac{1}{19}$ のふしぎ 〜循環節に現れる数字

$$n^k = (p の倍数) + 10^{p-1-k}$$

となります。

n の指数 k がひとつ増えると，10 の指数 $p-1-k$ がひとつ減るので，$n^k \div p$ の余りの列は $1 \div p$ の余りの列を逆の順に並べた列になります。

そして $n^k \div p$ の余りの列は，初項 1，公比 n の等比数列を p で割った余りの列になります。$\frac{1}{p}$ の循環節の長さを d とすると，$r_d = 1$ となり，$n^k \div p$ の余りの列を求めることで，

$$(1,)\ r_{d-1},\ r_{d-2},\ \cdots$$

と，余りの列が逆の順に求まります。

次に，商の列との関係を調べましょう。

商の列と余りの列の関係は，

$$10 r_{k-1} \div p = q_k \cdots r_k$$

で，

$$10 r_{k-1} = p q_k + r_k$$

と表されます。商 q_k は，0 以上 10 未満の数になります。

$p = (10 の倍数) - 1$ だから，

$$(10 の倍数) = \{(10 の倍数) - 1\} q_k + r_k$$

となります。これより，

$$(10 の倍数) = (10 の倍数) - q_k + r_k$$

$$r_k = (10 \text{ の倍数}) + q_k$$

となります．したがって，商 q_k は余り r_k を 10 で割った余りになります．すなわち，r_k の 1 の位です．

以上で，$10n - 1$ の形の素数 p に対して，

(1) 初項 1，公比 n の等比数列を並べる．
(2) (1) の数を p で割った余りを並べる．
(3) (2) の数の 1 の位を並べる．

の手順で，$\dfrac{1}{p}$ の循環節が逆の順に求まることがわかりました．

7.3 $\dfrac{1}{61}$ のふしぎ

この節では，ダイヤル数に同じ数字が何回現れているかという問題を考えてみましょう．ダイヤル数に現れる数字にも，意外な規則性があります．

$$142857 \times 1 = 142857$$
$$142857 \times 2 = 285714$$
$$142857 \times 3 = 428571$$

というように，自然数倍することによって各位の数字が巡回する数をダイヤル数と呼びました．そして，素数 p の逆数 $\dfrac{1}{p}$ の循環節の長さが $p-1$ のときに，循環節がダイヤル数になりました．

$\dfrac{1}{p}$ がダイヤル数になる素数を小さい順に並べると，

第7章 $\frac{1}{19}$ のふしぎ 〜循環節に現れる数字

$$7, 17, 19, 23, 29, 47, 59, 61, 97, \cdots \quad (7.4)$$

となります。

例として，(7.4) のうち 1 の位が 7 の素数の逆数

$$\frac{1}{7} = 0.\dot{1}4285\dot{7}$$

$$\frac{1}{17} = 0.\dot{0}588235294117647\dot{}$$

$$\frac{1}{47} = 0.\dot{0}212765957446808510638297872340425531914$$
$$893617\dot{}$$

を考えましょう。

ここに，どのような規則性が存在するでしょうか。

循環節に同じ数字が何回現れているかという回数を調べると，次の表のようになります。

	0	1	2	3	4	5	6	7	8	9
7	0	1	1	0	1	1	0	1	1	0
17	1	2	2	1	2	2	1	2	2	1
47	4	5	5	4	5	5	4	5	5	4

回数として現れている数字は，$p = 7$ の場合が 1 回と 0 回の 2 種類，$p = 17$ の場合が 2 回と 1 回の 2 種類，$p = 47$ の場合が 5 回と 4 回の 2 種類です。

ダイヤル数の桁数が異なれば，回数として現れる数字も異なります。しかし，7，17，47 のいずれの場合でも，回数として現れる数字は 2 種類で，しかも 1，2，4，5，7，8 が現れる回数が多いほうの数になっています。これには，何か理由があるのでしょうか。

次に, (7.4) のうち 1 の位が 9 の素数の逆数

$$\frac{1}{19} = 0.\dot{0}5263157894736842\dot{1}$$

$$\frac{1}{29} = 0.\dot{0}344827586206896551724137793\dot{1}$$

$$\frac{1}{59} = 0.\dot{0}1694915254237288135593220338983050847457\\6271186440677996\dot{6}\dot{1}$$

を調べてみましょう。

0 から 9 の数字の現れる回数を数えると,

	0	1	2	3	4	5	6	7	8	9
19	1	2	2	2	2	2	2	2	2	1
29	2	3	3	3	3	3	3	3	3	2
59	5	6	6	6	6	6	6	6	6	5

となります。回数として現れる数字は 2 種類で, 現れる回数の多い数は 1 から 8 になっています。ダイヤル数に現れる 0 から 9 の数字の個数はほぼ同数で, 多い数と少ない数の規則は, 分母 p の 1 の位によって決まっているようです。

このような現象が起こるのは, なぜでしょうか。

説明のために, $1 \div 7$ の計算を思い出しましょう。

$$10 = 7 \times 1 + 3$$
$$30 = 7 \times 4 + 2$$
$$20 = 7 \times 2 + 6$$
$$60 = 7 \times 8 + 4$$
$$40 = 7 \times 5 + 5$$

第 7 章 $\frac{1}{19}$ のふしぎ 〜循環節に現れる数字

$$50 = 7 \times 7 + 1$$

となり，商の列

$$(0,)\ 1,\ 4,\ 2,\ 8,\ 5,\ 7$$

を並べて，

$$\frac{1}{7} = 0.\dot{1}4285\dot{7}$$

と，循環小数に表されました。この計算で，余りの列に着目すると，

$$(1,)\ 3,\ 2,\ 6,\ 4,\ 5,\ 1$$

となっています。$142857 \times 1, 142857 \times 2, \cdots, 142857 \times 6$ において，142857 が巡回する理由は，この余りの部分に 1 から 6 の数字が 1 回ずつ現れるからでした。

このことは，他の $\frac{1}{p}$ から生じるダイヤル数でも同じです。$1 \div p$ の商の列の第 1 項から第 $p-1$ 項

$$q_1,\ q_2,\ \cdots,\ q_{p-1}$$

が循環節になり，余りの列の第 1 項から第 $p-1$ 項に

$$r_1,\ r_2,\ \cdots,\ r_{p-1}$$

1 から $p-1$ の数字が 1 回ずつ現れます。

問題は，商の列に現れる数字の回数です。商の列と余りの列の関係は，どうなっているのでしょうか。余りの列のようすから商の列，つまり循環節のようすをながめてみます。

$1 \div p$ の計算は，

$$10r_{k-1} = pq_k + r_k$$

という式で表されていました。この式を変形すると，

$$pq_k = (10 \text{ の倍数}) - r_k$$

が得られます。

p の1の位が1のとき，つまり $p = (10 \text{ の倍数}) + 1$ のとき，$pq_k = (10 \text{ の倍数}) - r_k$ より，

$$\{(10 \text{ の倍数}) + 1\}q_k = (10 \text{ の倍数}) - r_k$$
$$(10 \text{ の倍数}) + q_k = (10 \text{ の倍数}) - r_k$$

となって，

$$q_k + r_k = (10 \text{ の倍数})$$

となります。よって，商の列と余りの列の1の位の関係は，次のようになります。

r_k の1の位	0	1	2	3	4	5	6	7	8	9
q_k	0	9	8	7	6	5	4	3	2	1

$p = 10n + 1$ とおくと，ダイヤル数の余り r_k には1から $p - 1 = 10n$ までの数が1回ずつ現れるので，r_k の1の位は0から9までの数が n 回ずつ現れます。したがって，上の表より，q_k に現れる数も，0から9までの数が n 回ずつとなります。

たとえば，$p = 61$ のとき $61 = 10 \times 6 + 1$ なので，$n = 6$ です。1から60までの余りを並べると，以下のように r_k には1から60までの数が1回ずつ現れるので，r_k の1の位

には,0 から 9 までの数が $n=6$ 回ずつ現れます。

1	2	3	4	5	6	7	8	9	10
11	12	13	14	15	16	17	18	19	20
21	22	23	24	25	26	27	28	29	30
31	32	33	34	35	36	37	38	39	40
41	42	43	44	45	46	47	48	49	50
51	52	53	54	55	56	57	58	59	60

p の 1 の位が 7 のとき,つまり $p = (10 の倍数) + 7$ のとき, $pq_k = (10 の倍数) - r_k$ より,

$$\{(10 の倍数) + 7\}q_k = (10 の倍数) - r_k$$
$$(10 の倍数) + 7q_k = (10 の倍数) - r_k$$

となって,

$$7q_k + r_k = (10 の倍数)$$

が得られます。したがって,商の列と余りの列の 1 の位の関係は,次のようになります。

r_k の 1 の位	0	1	2	3	4	5	6	7	8	9
$7q_k$ の 1 の位	0	9	8	7	6	5	4	3	2	1
q_k	0	7	4	1	8	5	2	9	6	3

r_k には,1 から $p-1 = 10n+6$ が 1 回ずつ現れるので, r_k に現れる数の 1 の位は,1 から 6 が $n+1$ 回ずつ,0 と 7,8,9 が n 回ずつになります。したがって,上の表より, q_k に現れる数は 1,2,4,5,7,8 が $n+1$ 回ずつ,0,3,6,9 が n 回ずつとなります。

たとえば,$p=17$ のとき $17=10\times 1+7$ なので,$n=1$ です。1 から 16 までの余りを並べると,以下のように r_k には 1 から 16 までの数が 1 回ずつ現れるので,r_k の 1 の位には,1 から 6 までの数が 2 回ずつ,0 と 7,8,9 が 1 回ずつ現れます。

　　1　　2　　3　　4　　5　　6　　7　　8　　9　　10
　　11　12　13　14　15　16

同様に考えて,p の 1 の位が 3 のとき,つまり $p=(10$ の倍数$)+3$ のとき,$pq_k=(10$ の倍数$)-r_k$ より,

$$3q_k + r_k = (10 \text{ の倍数})$$

が得られます。よって,商の列と余りの列の 1 の位の関係は,次のようになります。

r_k の 1 の位	0	1	2	3	4	5	6	7	8	9
$3q_k$ の 1 の位	0	9	8	7	6	5	4	3	2	1
q_k	0	3	6	9	2	5	8	1	4	7

$p=10n+3$ とおくと,r_k には 1 から $p-1=10n+2$ が 1 回ずつ現れるので,r_k に現れる数の 1 の位には,1 と 2 が $n+1$ 回ずつ,0,3,4,5,6,7,8,9 が n 回ずつ現れます。したがって,上の表より q_k に現れる数は,3 と 6 が $n+1$ 回ずつ,0,1,2,4,7,8,9 が n 回ずつであることがわかります。

p の 1 の位が 9 のとき,つまり $p=(10$ の倍数$)+9$ のとき,$pq_k=(10$ の倍数$)-r_k$ より,

$$9q_k + r_k = (10 \text{ の倍数})$$

が得られます。よって，商の列と余りの列の 1 の位の関係は，次のようになります。

r_k の 1 の位	0	1	2	3	4	5	6	7	8	9
$9q_k$ の 1 の位	0	9	8	7	6	5	4	3	2	1
q_k	0	1	2	3	4	5	6	7	8	9

$p = 10n + 9$ とおくと，r_k には 1 から $p - 1 = 10n + 8$ までの数が 1 回ずつ現れるので，r_k に現れる数の 1 の位は 1 から 8 が $n + 1$ 回ずつ，0 と 9 が n 回ずつになります。したがって，上の表より q_k に現れる数は，1 から 8 が $n + 1$ 回ずつ，0 と 9 が n 回ずつになります。

ここまででわかったことをまとめておきましょう。

> **定理 7.1.** p を 2 でも 5 でもない素数とし，$\dfrac{1}{p}$ の循環節がダイヤル数であるとする。
>
> (1) p が $10n + 1$ の形のとき，商の列には 0 から 9 のすべての数が n 回ずつ現れる。
>
> (2) p が $10n + 3$ の形のとき，商の列には 3 と 6 が $n + 1$ 回ずつ現れ，0，1，2，4，5，7，8，9 が n 回ずつ現れる。
>
> (3) p が $10n + 7$ の形のとき，商の列には 1，2，4，5，7，8 が $n + 1$ 回ずつ現れ，0，3，6，9 が n 回ずつ現れる。
>
> (4) p が $10n + 9$ の形のとき，商の列には 1 から 8 が $n + 1$ 回ずつ現れ，0 と 9 が n 回ずつ現れる。

最後に，$\frac{1}{61}$ から生じるダイヤル数を実際に計算してみましょう。61 が $10n+1$ の素数だから，商の列には 0 から 9 が 6 回ずつ現れます。

$\frac{1}{61}$ の循環節から生じるダイヤル数は，

01639344262295081967213114754098360655737704918032786885 2459

となります

まず，0 は

016393442622950819672131147540
98360655737704918**0**327868852459

の 6 回現れます。次に 1 は

0**1**63934426229508**1**9672**1**3**11**47540
98360655737704**91**80327868852459

と，やはり 6 回現れます。2 も

01639344**2**6**22**9508196**7**2131147540
9836065573770491803**2**7868852459

の 6 回現れます。残りの 3 から 9 も調べると，

	0	1	2	3	4	5	6	7	8	9
61	6	6	6	6	6	6	6	6	6	6

となっています。鮮やかです。

第8章 $\frac{1}{81}$ のふしぎ 〜分母が合成数になると…

この章では，素数の逆数をさらにひろげて，合成数の逆数の循環節の長さについて考えてみます。合成数とは，2つ以上の素数の積で表される自然数です。

合成数の逆数を小数で表すとき，そこにはどのような現象が現れるのでしょうか。それは，分母の合成数を構成する素因数の個性が反映されたものなのでしょうか。

本書の話題は素数の逆数が中心なので，計算を省略して合成数の逆数にどのような現象が起こるのかを見ていきます。

8.1 有限小数と循環小数

素数 p の逆数 $\frac{1}{p}$ は，$p = 2, 5$ のときに有限小数になり，$p \neq 2, 5$ のときに小数第1位から循環が始まる循環小数になりました。分母を合成数にすると，どのような現象が起こるでしょうか。

m を合成数として，$\frac{1}{m}$ を小数で表してみましょう。

$$\frac{1}{4} = 0.25$$
$$\frac{1}{6} = 0.1666\cdots = 0.1\dot{6}$$
$$\frac{1}{8} = 0.125$$

$$\frac{1}{9} = 0.111\cdots = 0.\dot{1}$$

$$\frac{1}{15} = 0.0666\cdots = 0.0\dot{6}$$

$\cdots$

$\dfrac{1}{4}$, $\dfrac{1}{8}$ は有限小数です。$\dfrac{1}{6}$, $\dfrac{1}{9}$, $\dfrac{1}{15}$ は循環小数ですが, $\dfrac{1}{6}$ と $\dfrac{1}{15}$ はこれまでの循環小数とは異なり, 小数第 1 位ではなく第 2 位以降の途中から循環が始まっています。

ここに, 2 つの疑問が生じます。$\dfrac{1}{m}$ は, m がどのような数のときに有限小数になるのでしょうか。そして, $\dfrac{1}{m}$ が循環小数になる場合, 循環はどこから始まるのでしょうか。

最初の問題は, 次のようにしてわかります。$\dfrac{1}{m}$ が有限小数ならば, ある自然数 A と e が存在して,

$$\frac{1}{m} = \frac{A}{10^e}$$

と表されます。この式を変形すると,

$$mA = 10^e$$

となります。したがって, m は 10^e の約数です。すなわち, m の素因数は 2 または 5 のみになります。

逆に, m の素因数が 2 または 5 のみであるならば,

$$\frac{1}{m} = \frac{A}{10^e}$$

と表されるので，$\dfrac{1}{m}$ は有限小数になります。

> **定理 8.1.** $\dfrac{1}{m}$ が有限小数であることと，m の素因数が 2 または 5 のみであることは同値である。

2 番目の問題，つまり $\dfrac{1}{m}$ が循環小数になる場合に，循環はどこから始まるかという問題について考えましょう。m の素因数が 2 または 5 のみであれば，$\dfrac{1}{m}$ は有限小数になるので，m が 2 でも 5 でもない素因数をもつと仮定します。

このような合成数 m について，分母が小さい順に計算すると，

$$\dfrac{1}{6} = 0.1\dot{6}$$
$$\dfrac{1}{9} = 0.\dot{1}$$
$$\dfrac{1}{12} = 0.08\dot{3}$$

となります。$\dfrac{1}{6}$，$\dfrac{1}{9}$，$\dfrac{1}{12}$ はそれぞれ，小数第 2 位から，小数第 1 位から，小数第 3 位から循環が始まっています。ここにどんな規則性があるでしょうか。

分母の素因数分解

$$6 = 2^1 \times 3^1, \quad 9 = 3^2, \quad 12 = 2^2 \times 3^1$$

にヒントがあります。

もう少し計算を続けましょう。

$$\frac{1}{14} = 0.0\dot{7}1428\dot{5}$$

$$\frac{1}{15} = 0.0\dot{6}$$

$$\frac{1}{18} = 0.05\dot{5}$$

となります。すべて小数第2位から循環が始まっています。分母の素因数分解は，

$$14 = 2^1 \times 7^1, \quad 15 = 3^1 \times 5^1, \quad 18 = 2^1 \times 3^2$$

です。小数第2位から始まる理由は，どこに現れているでしょうか。

実は，m を $m = 2^a \times 3^b \times 5^c \times \cdots$，と素因数分解したとき，2の指数 a と5の指数 c の大きいほうを n とすると，小数第 $n+1$ 位から循環が始まります。

定理 8.2. $\dfrac{1}{m}$ が循環小数であることと，m が2でも5でもない素因数をもつことは同値である。また，このとき，m の素因数分解における2の指数と5の指数の大きいほうを n とすると，$\dfrac{1}{m}$ の循環は小数第 $n+1$ 位から始まる。

---

m が2も5も素因数にもたない場合，つまり10と互いに素な場合は，$n = 0$，$n + 1 = 1$ となるので，$\dfrac{1}{m}$ は小数

第 1 位から循環します。

たとえば,

$$\frac{1}{21} = 0.\dot{0}4761\dot{9}$$

$$\frac{1}{33} = 0.\dot{0}\dot{3}$$

$$\frac{1}{77} = 0.\dot{0}1298\dot{7}$$

となります。

8.2 分母の素因数分解

前節で見たように,分母が合成数の場合の循環節の性質には,その合成数の素因数が深く関係しているようです。この節では,さらに素因数との関係を掘り下げていきましょう。

m を 10 と互いに素な自然数とします。つまり,m は 2 でも 5 でも割り切れない合成数です。$\dfrac{1}{m}$ の循環節の長さは,m の素因数分解と関係します。

次の定理が成り立ちます。

> **定理 8.3.** k, ℓ を互いに素な自然数とし,それぞれ 10 と互いに素とする。このとき,$\dfrac{1}{k\ell}$ の循環節の長さは,$\dfrac{1}{k}$ の循環節の長さと $\dfrac{1}{\ell}$ の循環節の長さの最小公倍数になる。

先ほどの例で確認しましょう。

$\dfrac{1}{21}$ の循環節の長さは 6 です。一方，21 の素因数である 3 と 7 を分母とする分数に着目すると，$\dfrac{1}{3}$ の循環節の長さは 1 で，$\dfrac{1}{7}$ の循環節の長さは 6 です。1 と 6 の最小公倍数は 6 で，$\dfrac{1}{21}$ の循環節の長さに等しくなります。定理 8.3 が成り立っています。

$\dfrac{1}{33}$ の循環節の長さは 2 です。一方，33 の素因数である 3 と 11 を分母とする分数に着目すると，$\dfrac{1}{3}$ の循環節の長さは 1 で，$\dfrac{1}{11}$ の循環節の長さは 2 です。1 と 2 の最小公倍数は 2 で，$\dfrac{1}{33}$ の循環節の長さに等しくなります。定理 8.3 が成り立っています。

$\dfrac{1}{77}$ の循環節の長さは 6 です。一方，77 の素因数である 7 と 11 を分母とする分数に着目すると，$\dfrac{1}{7}$ の循環節の長さは 6 で，$\dfrac{1}{11}$ の循環節の長さは 2 です。6 と 2 の最小公倍数は 6 で，$\dfrac{1}{77}$ の循環節の長さに等しくなります。やはり，定理 8.3 が成り立っています。

定理 8.3 により，$\dfrac{1}{m}$ の循環節の長さを求めるには，分母 m を素因数分解して，分母が素数のべき乗の場合を求めれ

ばよいことがわかります。

次の定理が成り立ちます。

> **定理 8.4.** p を 10 と互いに素な素数とし,$\dfrac{1}{p}$ の循環節の長さを d とする。$10^d - 1$ を割り切る p の最大べき乗が p^α であるとき,$\dfrac{1}{p}$, $\dfrac{1}{p^2}$, $\cdots$, $\dfrac{1}{p^\alpha}$ の循環節の長さは d であり,$\dfrac{1}{p^{\alpha+k}}$ $(k \geqq 0)$ の循環節の長さは dp^k である。

$p = 3$ の場合で,定理 8.4 を確認しましょう。

$$\frac{1}{3} = 0.\dot{3}$$

なので,循環節の長さ d は 1 です。

$$10^d - 1 = 10^1 - 1 = 9 = 3^2$$

だから,$10^d - 1 = 9$ を割る p の最大べき乗は 3^2 となるので,$\alpha = 2$ です。

したがって,$\dfrac{1}{9} = \dfrac{1}{3^2}$ の循環節の長さは,定理 8.4 より 1 となります。実際に,

$$\frac{1}{9} = 0.\dot{1}$$

です。

$\dfrac{1}{27} = \dfrac{1}{3^{2+1}}$ なので,$k = 1$ です。したがって,定理 8.4

より $\dfrac{1}{27}$ の循環節の長さは $dp^k = 1 \times 3^1 = 3$ となります。実際に,
$$\dfrac{1}{27} = 0.\dot{0}3\dot{7}$$
です。

$\dfrac{1}{81} = \dfrac{1}{3^{2+2}}$ なので, $k=2$ です。したがって, 定理 8.4 より $\dfrac{1}{81}$ の循環節の長さは $dp^k = 1 \times 3^2 = 9$ となります。実際に,
$$\dfrac{1}{81} = 0.\dot{0}1234567\dot{9}$$
で, 確かに循環節の長さは 9 となっています。

もうひとつ確かめてみましょう。$\dfrac{1}{243} = \dfrac{1}{3^{2+3}}$ なので, $k=3$ です。したがって, 定理 8.4 より $\dfrac{1}{243}$ の循環節の長さは $dp^k = 1 \times 3^3 = 27$ となります。実際に,
$$\dfrac{1}{243} = 0.\dot{0}0411522633744855967078189\dot{3}$$
で, 確かに循環節の長さは 27 となっています。

以上により,

$\dfrac{1}{3}$, $\dfrac{1}{9}$, $\dfrac{1}{27}$, $\dfrac{1}{81}$, $\dfrac{1}{243}$ の循環節の長さは, 1, 1, 3, 9, 27 となります。循環節の長さの増え方は, 1 倍, 3 倍, 3 倍, 3 倍となっています。

$\dfrac{1}{3^n}$ の循環節の長さは, $n=1$ のとき 1 で, $n \geqq 2$ のとき 3^{n-2} となります。これが, $p=3$ の場合の定理 8.4 です。

第8章 $\frac{1}{81}$ のふしぎ 〜分母が合成数になると…

$m = 2^a \times 3^b \times 5^c \times \cdots$ のとき,$\frac{1}{m}$ の循環節の長さは定理 8.3 より,$\frac{1}{2^a}$,$\frac{1}{3^b}$,$\frac{1}{5^c}$,… の循環節の長さがわかれば求まります。そして,これらの素数のべき乗の逆数の循環節の長さは,定理 8.4 より素数の逆数の循環節の長さから求まります。

このように,自然数の逆数の循環節の長さの問題は,分母が素数のべき乗の場合に帰着されます。そして,素数のべき乗の逆数の循環節の長さを求める問題は,分母が素数の場合に帰着されます。自然数の逆数の循環節の長さの問題は,素数の逆数の循環節の長さを求める部分に本質があるといえます。

8.3 $\frac{1}{81}$ のふしぎ

ここに,ふしぎなふるまいを見せる 9 桁の数字があります。8 を除く 0 から 9 の数字を順番に並べた自然数

$$012345679$$

が,単純なかけ算で,面白い現象を見せてくれるのです。

2,4,5 をかけてみましょう。

$$012345679 \times 2 = 024691358$$
$$012345679 \times 4 = 049382716$$
$$012345679 \times 5 = 061728395$$

2 倍では 7 以外の数が並び,4 倍では 5 以外の数が,5 倍で

は 4 以外の数が並んでいます。

こんどは，16, 17, 19 をかけてみます。

$$012345679 \times 16 = 197530864$$
$$012345679 \times 17 = 209876543$$
$$012345679 \times 19 = 234567901$$

16 倍では 2 以外の数が並び，17 倍では 1 以外の数が，19 倍では 8 以外の数が並んでいます。

ふしぎなふるまいを見せるこの 012345679 の正体は何でしょうか。そして，なぜこのようなことが起こるのでしょうか。

実は，012345679 は，前節で登場した

$$\frac{1}{81} = 0.\dot{0}1234567\dot{9}$$

の循環節です。8 を除く 0 から 9 の数字が順番に並んでいる，美しい循環小数です。

012345679 × (81 以下で 81 と互いに素な自然数)

は，ひとつの数を除いて 0 から 9 の数が 1 回ずつ現れます。どうしてこのような現象が起きるのでしょうか。

$\frac{1}{81}$ から $\frac{8}{81}$ までの既約分数を小数展開すると，

$$\frac{1}{81} = 0.\dot{0}1234567\dot{9}$$
$$\frac{2}{81} = 0.\dot{0}2469135\dot{8}$$

$$\frac{4}{81} = 0.\dot{0}4938271\dot{6}$$
$$\frac{5}{81} = 0.\dot{0}6172839\dot{5}$$
$$\frac{7}{81} = 0.\dot{0}8641975\dot{3}$$
$$\frac{8}{81} = 0.\dot{0}9876543\dot{2}$$

となります。循環節の長さはいずれも 9 で，各循環節に，0 から 9 の数字があるひとつの数を除いてひとつずつ現れています。現れていない数に着目すると，$\frac{1}{81}$ が 8，$\frac{2}{81}$ が 7，$\frac{4}{81}$ が 5，$\frac{5}{81}$ が 4，$\frac{7}{81}$ が 2，$\frac{8}{81}$ が 1 です。何かの規則性がありそうです。

実は，a が 81 以下で 81 と互いに素であるときの $\frac{a}{81}$ の循環節は，0 から 9 の数字があるひとつの数を除いてひとつずつ現れることがいえます。

$\frac{a}{81}$ のふしぎに迫りましょう。

分母が合成数の分数についても，ラグランジュの定理（定理 6.1）が成り立つことがわかっています。

分母が素数 p のとき，ラグランジュの定理は

$$p - 1 = (循環節の種類) \times (循環節の長さ)$$

でした。分母が合成数 m のときのラグランジュの定理は

既約分数 $\frac{a}{m}$ の個数

$$= (循環節の種類) \times (循環節の長さ)$$

となります。左辺は，m 以下で m と互いに素な自然数 a の個数といいかえられます。

81 以下で 81 と互いに素な自然数の個数は 81 から 81 以下の 3 の倍数の個数を引けばよく，

$$81 - 81 \div 3 = 81 - 27 = 54$$

となります。$\dfrac{1}{81}$ の循環節の長さは 9 だから，

$$54 = (循環節の種類) \times (循環節の長さ)$$

より，グループの個数は 6 と求まります。

$$\frac{1}{81}, \quad \frac{2}{81}, \quad \frac{4}{81}, \quad \frac{5}{81}, \quad \frac{7}{81}, \quad \frac{8}{81}$$

の 6 個の分数は，循環節に現れない数が

$$8, 7, 5, 4, 2, 1$$

となり，互いに異なります。したがって，同じ循環節のグループには属しません。グループの個数は 6 個だから，各グループに $\dfrac{r}{81}$ ($r = 1, 2, 4, 5, 7, 8$) がひとつずつ含まれていることがわかります。$\dfrac{a}{81}$ は，ある r に対して $\dfrac{r}{81}$ と同じグループに属するので，$\dfrac{a}{81}$ の循環節は，

012345679,　　024691358,　　049382716,

061728395,　　086419753,　　098765432

第 8 章　$\frac{1}{81}$ のふしぎ 〜分母が合成数になると…

のいずれかを巡回させたものになります。

　したがって，既約分数 $\frac{a}{81}$ の循環節は，0 から 9 の数字があるひとつの数を除いてひとつずつ現れます。

　では，$\frac{a}{81}$ がどのグループに属するのかを判定するにはどうすればいいでしょうか。

　$\frac{1}{81}$ を循環小数で表す計算を思い出し，$\frac{1}{81}$ の属するグループの分数を求めてみます。

$$10 \div 81 = 0 \cdots 10$$
$$100 \div 81 = 1 \cdots 19$$
$$190 \div 81 = 2 \cdots 28$$
$$280 \div 81 = 3 \cdots 37$$
$$370 \div 81 = 4 \cdots 46$$
$$460 \div 81 = 5 \cdots 55$$
$$550 \div 81 = 6 \cdots 64$$
$$640 \div 81 = 7 \cdots 73$$
$$730 \div 81 = 9 \cdots 1$$

この計算から，

$$\frac{1}{81},\ \frac{10}{81},\ \frac{19}{81},\ \frac{28}{81},\ \frac{37}{81},\ \frac{46}{81},\ \frac{55}{81},\ \frac{64}{81},\ \frac{73}{81}$$

が同じグループであることがわかります。

　分子に着目すると，1 から順に 9 ずつ増えており，初項 1，公差 9 の等差数列になっています。

$\dfrac{2}{81}$ の属するグループを求めましょう。

$$20 \div 81 = 0 \cdots 20$$
$$200 \div 81 = 2 \cdots 38$$
$$380 \div 81 = 4 \cdots 56$$
$$560 \div 81 = 6 \cdots 74$$
$$740 \div 81 = 9 \cdots 11$$
$$110 \div 81 = 1 \cdots 29$$
$$290 \div 81 = 3 \cdots 47$$
$$470 \div 81 = 5 \cdots 65$$
$$650 \div 81 = 8 \cdots 2$$

この計算から，

$$\dfrac{2}{81},\ \dfrac{20}{81},\ \dfrac{38}{81},\ \dfrac{56}{81},\ \dfrac{74}{81},\ \dfrac{11}{81},\ \dfrac{29}{81},\ \dfrac{47}{81},\ \dfrac{65}{81}$$

が同じグループであることがわかります。

規則性が見えにくいので大きさの順に並べ替えると，

$$\dfrac{2}{81},\ \dfrac{11}{81},\ \dfrac{20}{81},\ \dfrac{29}{81},\ \dfrac{38}{81},\ \dfrac{47}{81},\ \dfrac{56}{81},\ \dfrac{65}{81},\ \dfrac{74}{81}$$

となっています。分子に着目すると，2から順に9ずつ増えており，初項2，公差9の等差数列になっています。$\dfrac{1}{81}$ の属するグループと似たような現象が起こっています。

$r = 1,\ 2,\ 4,\ 5,\ 7,\ 8$ に対し，$\dfrac{r}{81}$ の属するグループの分数の分子は初項 r，公差9の等差数列となりそうです。

第8章　$\frac{1}{81}$ のふしぎ 〜分母が合成数になると…

　これは，$r \div 81$ ($r = 1, 2, 4, 5, 7, 8$) の余りの列が，$(r \times 10^n) \div 81$ の余りの列に等しいことから説明できます。

　まず，9 は 81 を割り切るので，$(r \times 10^n) \div 81$ の余りを 9 で割った余りは，$(r \times 10^n) \div 9$ の余りと等しくなります。次に，$10^n - 1 = \underbrace{99\cdots9}_{n}$ が 9 の倍数だから，10^n を 9 で割った余りは 1 です。

$$10^n = (9 \text{ の倍数}) + 1$$

が成り立つので，両辺に r をかけて

$$r \times 10^n = (9 \text{ の倍数}) + r$$

となります。よって，$r \div 81$ ($r = 1, 2, 4, 5, 7, 8$) の余りの列の数は，9 で割って r 余る自然数になります。

　9 で割って r 余る自然数は，初項 r，公差 9 の等差数列となり，そのうち 81 未満の項は，

$$r,\ r+9,\ r+18,\ \cdots,\ r+72 \tag{8.1}$$

の 9 個です。一方，$\frac{r}{81}$ の循環節の長さは 9 だから，$r \div 81$ の余りの列の数も 9 個です。よって，これらの数は $r \div 81$ の余りのすべてになります。

　以上により，$\frac{r}{81}$ の属するグループの分数は，

$$\frac{r}{81},\ \frac{r+9}{81},\ \frac{r+18}{81},\ \cdots,\ \frac{r+72}{81}$$

とわかりました。これらの分数の分子は，初項 r，公差 9 の等差数列です。

では,循環節に,あるひとつの数を除いて,0から9が1回ずつ現れるのはなぜでしょうか。

まず,$r \div 81$ の余りの列の数は,(8.1) の数でした。0, 9, 18, $\cdots$, 72 の 1 の位がすべて異なるので,(8.1) の数の 1 の位はすべて異なっています。そして,0, 9, 18, $\cdots$, 72, 81 の 10 個の数の 1 の位が 0 から 9 になることから,(8.1) の数の 1 の位は $r + 81$ の 1 の位以外の 9 つの数になります。

$r + 81$ の 1 の位は $r + 1$ だから,$r \div 81$ の余りの列の数の 1 の位は,0 から 9 のうち,$r + 1$ 以外の 9 つの数になります。

このことを用いて,商の列の数を調べます。

$r \div 81$ の計算を,

$$r = 81 \times 0 + r$$
$$10r = 81 \times q_1 + r_1$$
$$10r_1 = 81 \times q_2 + r_2$$
$$\cdots$$

とおきます。このとき,

$$10r_{n-1} = 81 \times q_n + r_n = (80 + 1) \times q_n + r_n$$

から,

$$(10 \text{ の倍数}) = q_n + r_n$$

が導かれます。余りの列 $\{r_n\}$ の 1 の位には,0 から 9 のうち $r + 1$ 以外の 9 個の数が現れるので,商の列 $\{q_n\}$ には $9 - r$ 以外の 9 個の数が現れます。

156

したがって，次のようにまとめられます．

定理 8.5. a を 81 以下の 81 と互いに素な自然数とする．a を 9 で割った余りを r ($r = 1, 2, 4, 5, 7, 8$) とするとき，$\dfrac{a}{81}$ の循環節には，$9-r$ を除く 0 から 9 の数字が 1 回ずつ現れる．

> **コラム** 小数の歴史

10 進法における小数は古代中国が最古で，263 年に劉徽（りゅうき）が整理し，注釈を加えた『九章算術』に小数が見られます。現代のアラビア数字表記における 8.660254 を「八寸六分六釐二秒五忽（りん）（こつ），五分忽之二」と書いています。これが現在の形になるには，零の発見，アラビア数字の発見が必要でした。

ヨーロッパではエジプト分数表記が主流だったので，小数の導入が遅れました。小数を提唱したのは，1585 年のステヴィン (1548–1620) による『10 進分数論』です。たとえば，23.142 は

$$23⓪1①4②2③$$

のように表されます。現在の表記になったのは約 30 年後のネピア (1550–1617) によります。ネピアは，対数を創始した数学者で自然対数の底，ネピア数

$$e = 2.7182818284\cdots$$

にその名前が残っています。対数表には小数が必要であり，小数点はネピアが導入しました。ネピアは 1617 年に『棒計算術』を公刊し，この中で小数を論じて，1 ヵ所で小数点を用いています。

ステヴィン以前にも，小数の概念をアラビア世界から輸入した人物はいました。小数に関するいろいろな思想は，ステヴィン以前にも存在していたので，小数

概念の導入の功績をステヴィン一人に帰することはできませんが，小数を流通させたという点で評価されています。ステヴィンは，小数の利点を「四則の計算が自然数とまったく同じように実行できる」ことだと述べています。

小数の果たした役割は，ギリシャ以来の，自然数と連続量の間にあった区別を取り去り，数体系を一元化する方向に貢献したものであると評価することができます。いいかえれば，2も$\sqrt{2}$も，小数の世界では，数という意味で同格です。ステヴィンは，このことを認識した最初の人であるといえます。

ベックレルは『新算術』（1661年）で，小数点のかわりに「コンマ」を用い，小数を，長さ，面積，体積の測定に応用しました。そして，ウォリスは『代数学』（1685年）で，現在と同じ小数点を採用しています。

循環小数が学術論文に現れたのは17世紀からです。先に紹介したライプニッツによる定理やウォリスによる定理

> 自然数mが10と互いに素であれば，既約分数$\dfrac{a}{m}$の循環節の長さは高々$m-1$である。
> さらに，循環節の長さdは，mが$10^n - 1$を割り切るような最小の自然数nである。

が記されています。ちなみに，循環小数が教科書に現れたのは19世紀からです。

第 III 部

数論の大法則と循環小数

第9章 $\dfrac{1}{13}$ のもうひとつのふしぎ 〜オイラーの規準

スウィングするようにふるまう2つの数,

$$076923 \text{ と } 153846$$

はそれぞれ, $\dfrac{1}{13}$, $\dfrac{2}{13}$ の循環節でした。循環節がダイヤル数にならない場合でも,分数全体に目を向けると,さまざまなふしぎな現象に出会います。

第Ⅱ部では,076923 と 153846 から派生して,分母が素数 p の分数 $\dfrac{a}{p}$ について,ラグランジュの定理

$$p - 1 = (循環節の種類) \times (循環節の長さ)$$

を見て, p を法とする原始根 g を用いると,

$$\dfrac{g^n}{p} = (整数) + \dfrac{a}{p}$$

と表されることを見てきました。

第Ⅲ部の主役は2つのグループ,

$$[076923] \text{ と } [153846]$$

です。これらのグループに属する分数の分子の性質を調べていくと,美しい法則性を見出すことができます。ラグランジュの定理や原始根の存在とはまた違った深い法則性は,「黄金定理」と呼ばれる数論の大法則へと結びついていきます。

第 9 章 $\frac{1}{13}$ のもうひとつのふしぎ 〜オイラーの規準

$\frac{1}{13}$ の循環節 076923 は，$1 \div 13$ の商の列

$$(0,)\ 0,\ 7,\ 6,\ 9,\ 2,\ 3$$

のことでした。余りの列

$$(1,)\ 10,\ 9,\ 12,\ 3,\ 4,\ 1$$

に目を向けると，また新たなふしぎに出会います。

$1 \div 13$ の余りの列には，1, 4, 9 と平方数が並んでいます。平方数とは，自然数を 2 乗してできる数のことです。平方数を 13 で割った $n^2 \div 13$ の余りの列を調べると，

$$1^2 = 1 = 13 \times 0 + 1$$
$$2^2 = 4 = 13 \times 0 + 4$$
$$3^2 = 9 = 13 \times 0 + 9$$
$$4^2 = 16 = 13 \times 1 + 3$$
$$5^2 = 25 = 13 \times 1 + 12$$
$$6^2 = 36 = 13 \times 2 + 10$$

となり，余りの列が

$$1,\ 4,\ 9,\ 3,\ 12,\ 10$$

となります。これらを並べ替えると，ふしぎなことに $1 \div 13$ の余りの列になります。

$1 \div 13$ の余りの列が，どうして平方数と関係するのでしょうか。そして，どのような素数 p に対して，$1 \div p$ の余りの

列の数が，平方数を p で割った余りになるのでしょうか．

この疑問の背後には，オイラーの規準と呼ばれる定理や，ガウスが「黄金定理」と呼んだ平方剰余の相互法則がひそんでいます．

$\dfrac{1}{p}$ の循環節の長さを p の式で表すことは，未解決の難問です．しかし，どのような素数 p に対して，$1 \div p$ の余りの列が平方数を p で割った余りになるかの法則性はわかっています．そして，いくつかの条件を満たす場合には，$1 \div p$ を計算することなく，$\dfrac{1}{p}$ の循環節の長さが求まります．これは驚くべきことです．

第Ⅲ部では，循環小数がオイラーやガウスの数論の定理とどのように関係するのかを紹介していきます．

9.1 平方剰余と平方非剰余

第5章で，スウィングするふしぎな現象を見せてくれた2つの分数のグループ，

[076923] : $\dfrac{1}{13}$, $\dfrac{10}{13}$, $\dfrac{9}{13}$, $\dfrac{12}{13}$, $\dfrac{3}{13}$, $\dfrac{4}{13}$

[153846] : $\dfrac{2}{13}$, $\dfrac{7}{13}$, $\dfrac{5}{13}$, $\dfrac{11}{13}$, $\dfrac{6}{13}$, $\dfrac{8}{13}$

について，あらためて考えてみましょう．分母 13 は共通だから，今後は分子に着目して，

[076923] : 1, 10, 9, 12, 3, 4

[153846] : 2, 7, 5, 11, 6, 8

と書くことにします．[076923] の数は $1 \div 13$ の余りの列の

第 9 章　$\frac{1}{13}$ のもうひとつのふしぎ 〜オイラーの規準

数,[153846] の数は 2 ÷ 13 の余りの列の数でした。これらの数は,さらに深い意味をもっています。

> **[076923] の数に,どのような法則性があるでしょうか。**

[076923] の数のうち,1,4,9 は平方数です。この章の冒頭で述べたように,[076923] の数は平方数と関係があります。1,4,9 に続く平方数 16,25,36,… と [076923] の数の関係を調べると,

$$4^2 = 16 = 13 \times 1 + 3$$
$$5^2 = 25 = 13 \times 1 + 12$$
$$6^2 = 36 = 13 \times 2 + 10$$

と,鮮やかな関係が浮かび上がりました。[076923] の数は,平方数を 13 で割った余りなのです。

このような,13 と互いに素な自然数の平方を 13 で割った余りは,13 を法とする**平方剰余**と呼ばれています。つまり,自然数 a が 13 を法とする平方剰余であるとは,13 と互いに素な自然数 x に対して,a が $x^2 \div 13$ の余りになることです。

> **[153846] の数に,どのような法則性があるでしょうか。**

一方,[153846] の数には,平方数は含まれません。[153846] の数が,平方数を 13 で割った余りにならないことを確かめましょう。

先の計算に続いて,7 以上の自然数の平方を 13 で割ります。

$$7^2 = 49 = (13 \text{ の倍数}) + 10$$
$$8^2 = 64 = (13 \text{ の倍数}) + 12$$
$$9^2 = 81 = (13 \text{ の倍数}) + 3$$
$$10^2 = 100 = (13 \text{ の倍数}) + 9$$
$$11^2 = 121 = (13 \text{ の倍数}) + 4$$
$$12^2 = 144 = (13 \text{ の倍数}) + 1$$

となり，新しい余りは現れません．そして，7 以上の場合にも，[076923] の数がすべて現れています．$n^2 \div 13$ ($n = 1$, 2, $\cdots$, 12) の余りを並べると，

1, 4, 9, 3, 12, 10, 10, 12, 3, 9, 4, 1

と対称になっています．このことは，

$$(13 - r)^2 = 13^2 - 2 \times 13 \times r + r^2 = (13 \text{ の倍数}) + r^2$$

であることからわかります．7 から 12 までの自然数の平方を 13 で割った余りは，1 から 6 の自然数の平方を 13 で割った余りに等しくなります．

また，14 以上の 13 と互いに素な自然数を 13 で割った余りは，商を q，余りを r ($0 \leqq r < 13$) とすると，

$$(13q + r)^2 = 13^2 q^2 + 2 \times 13q \times r + r^2 = (13 \text{ の倍数}) + r^2$$

となるので，13 未満の自然数の平方を 13 で割った余りに等しくなります．

したがって，13 を法とする平方剰余は，1 から 6 の自然

第9章 $\frac{1}{13}$ のもうひとつのふしぎ 〜オイラーの規準

数の平方を 13 で割った余りに限ります。13 を法とする平方剰余は，1, 3, 4, 9, 10, 12 の 6 個です。

以上のことから，[153846] の数は，平方数を 13 で割った余りにならないことがわかります。つまり，13 を法とする平方剰余にはなりません。このような数は，13 を法とする**平方非剰余**と呼ばれています。2, 5, 6, 7, 8, 11 が，13 を法とする平方非剰余です。

一般に，奇数の素数 p に対して次の定理が成り立ちます。

> **定理 9.1.** p を奇数の素数とするとき，平方剰余は $\frac{p-1}{2}$ 以下の自然数の平方を p で割った余りで，ちょうど $\frac{p-1}{2}$ 個ある。

例で確かめましょう。
$p = 3$ のとき，$\frac{p-1}{2} = \frac{3-1}{2} = 1$ です。
$$1^2 = 1$$
で，1 が 3 を法とする平方剰余です。

循環小数や分数の議論では，分母が 5 の場合を除外していますが，$p = 5$ に対しても，定理 9.1 は成り立ちます。$\frac{p-1}{2} = \frac{5-1}{2} = 2$ で，
$$1^2 = 1, \quad 2^2 = 4$$
となり，1 と 4 の 2 つが，5 を法とする平方剰余です。

$p = 7$ のとき，$\frac{p-1}{2} = \frac{7-1}{2} = 3$ です。

$$1^2 = 1, \quad 2^2 = 4, \quad 3^2 = 9 = 7 \times 1 + 2$$

で，1, 2, 4 の 3 つが，7 を法とする平方剰余です。

では，

> $1 \div 13$ のように，$1 \div p$ の余りの列が p を法とする平方剰余となるような素数 p は，どのような素数でしょうか。

実は，平方剰余は循環節の長さに関係してきます。次の定理が成り立ちます。

> **定理 9.2.** p を 2 でも 5 でもない素数とする。$\dfrac{1}{p}$ の循環節の長さが $\dfrac{p-1}{2}$ のとき，$1 \div p$ の余りは，p を法とする平方剰余になる。

ここで，このような素数 p のうち 100 以下のものは，p.33 の表 2.1 から，3, 13, 31, 43, 67, 71, 83, 89 となります。

証明 循環節の長さが $\dfrac{p-1}{2}$ であることから，$1 \div p$ の余りの列の数は $\dfrac{p-1}{2}$ 個あります。$1 \div p$ の余りの列の数でない p 未満の自然数 b をとると，循環節の長さは分子によらず，分母で決まるので，$b \div p$ の余りの列の数も $\dfrac{p-1}{2}$ 個あります。

$1 \div p$ の余りの列は $10^n \div p$ の余りの列に等しく，$b \div p$

第 9 章　$\frac{1}{13}$ のもうひとつのふしぎ 〜オイラーの規準

の余りの列は $(b \times 10^n) \div p$ の余りの列に等しくなります。そして，p 未満の自然数は $p-1$ 個だから，p 未満の自然数は $10^n \div p$ の余りであるか，$(b \times 10^n) \div p$ の余りになります。そして，どちらも $\frac{p-1}{2}$ 個ずつあります。

a を p を法とする平方剰余とすると，a が $1 \div p$ の余りの列の数になることを示します。

平方剰余の定義から，$x^2 = (p \text{の倍数}) + a$ を満たすような p 未満の自然数 x が存在します。上で述べているように，p 未満の自然数である x は，$10^n \div p$ の余りであるか，$(b \times 10^n) \div p$ の余りであるかのいずれかです。

x が $10^n \div p$ の余りであるとき，

$$10^n = (p \text{の倍数}) + x$$

となります。両辺を 2 乗すると，

$$10^{2n} = (p \text{の倍数}) + x^2$$

となり，$x^2 = (p \text{の倍数}) + a$ だから，

$$10^{2n} = (p \text{の倍数}) + a$$

が得られます。このことから，a は $1 \div p$ の余りの列の数であることがわかります。

x が $(b \times 10^n) \div p$ の余りであるとき，

$$b \times 10^n = (p \text{の倍数}) + x$$

となります。両辺を 2 乗すると，

$$(b \times 10^n)^2 = (p \text{ の倍数}) + x^2$$
$$b^2 \times 10^{2n} = (p \text{ の倍数}) + x^2$$

となり，$x^2 = (p \text{ の倍数}) + a$ だから，

$$b^2 \times 10^{2n} = (p \text{ の倍数}) + a$$

が得られます。ここで，ある自然数 k に対して，$10^k = (p \text{ の倍数}) + b^2$，または，$b \times 10^k = (p \text{ の倍数}) + b^2$ が成り立ちます。

$b \times 10^k = (p \text{ の倍数}) + b^2$ ならば，

$$b \times 10^k - b^2 = b(10^k - b) = (p \text{ の倍数})$$

となり，$b < p$ だから，

$$10^k - b = (p \text{ の倍数})$$
$$10^k = (p \text{ の倍数}) + b$$

となります。これは，b が $1 \div p$ の余りの列の数であることを表すので矛盾です。したがって，$10^k = (p \text{ の倍数}) + b^2$ が成り立ちます。

これより，

$$10^{k+2n} = 10^k \times 10^{2n} = \{(p \text{ の倍数}) + b^2\} \times 10^{2n}$$
$$= (p \text{ の倍数}) + b^2 \times 10^{2n}$$

となります。

$$b^2 \times 10^{2n} = (p \text{ の倍数}) + a$$

が成り立っていたので,

$$10^{k+2n} = (p の倍数) + a$$

がいえます。したがって, x が $(b \times 10^n) \div p$ の余りであるときも, a は $1 \div p$ の余りの列の数であることがわかります。

以上で, p を法とする平方剰余が, $1 \div p$ の余りの列の数になることがわかりました。そして, 平方剰余はちょうど $\frac{p-1}{2}$ 個で, $1 \div p$ の余りの列の数もちょうど $\frac{p-1}{2}$ 個だから, $1 \div p$ の余りの列の数すべてが, p を法とする平方剰余になります。 □

9.2 $1 \div p$ の余りと e 乗剰余

前節で見たように, $p = 13$ のとき, 分母が 13 の分数の循環節が 2 種類あり, $1 \div 13$ の余りの列の数は 13 を法とする平方剰余になりました。では,

> $1 \div p$ の余りの列は, $p = 13$ 以外ではどのようになっているのでしょうか。

まず, 分母が p の分数の循環節が 1 種類の場合, $\frac{1}{p}$ の循環節の長さが $p-1$ になり, その循環節はダイヤル数になります。この場合, $1 \div p$ の余りの列は, p 未満のすべての自然数となります。$p = 7, 17, 19, 23, 29, 47, \cdots$ で, この現象が起こります。

次に, 分母が p の分数の循環節が 2 種類の場合, $\frac{1}{p}$ の循

環節の長さが $\dfrac{p-1}{2}$ になり,定理 9.2 より $1 \div p$ の余りの列はすべて,p を法とする平方剰余となります。$p = 3$, 13, 31, 43, $\cdots$ で,この現象が起こります。では,

> 分母が p の分数の循環節が 3 種類以上の場合は,どのようになっているのでしょうか。

分母が p の分数を e 種類とすると,$1 \div p$ の余りの列の数は e 乗数と関係します。

ラグランジュの定理 (定理 6.1)

$$p - 1 = (循環節の種類) \times (循環節の長さ)$$

より,分母が p の分数の循環節の種類を求めると,p.33 の表 2.1 より,$p = 11$ のとき 5 種類,$p = 37$ のとき 12 種類,$p = 41$ のとき 8 種類となります。

順に調べていきましょう。

$p = 11$ のとき,$1 \div 11$ の余りの列は,

$$(1,)\ 10,\ 1$$

です。$\dfrac{1}{11}$ の循環節の長さが 2 になり,分母が 11 の分数の循環節が 5 種類になります。

$$1^5 = 1 = 11 \times 0 + 1$$
$$2^5 = 32 = 11 \times 2 + 10$$

だから,$1 \div 11$ の余りの列の数は,5 乗数を 11 で割った余

第 9 章 $\frac{1}{13}$ のもうひとつのふしぎ 〜オイラーの規準

りになっています。このような数は，11 を法とする **5 乗剰余** と呼ばれています。

$p = 37$ のとき，

$$1 = 37 \times 0 + 1$$
$$10 = 37 \times 0 + 10$$
$$100 = 37 \times 2 + 26$$
$$260 = 37 \times 7 + 1$$

となり，余りの列は，

$$(1,) \ 10, \ 26, \ 1$$

となります。$\frac{1}{37}$ の循環節の長さは 3 で，分母が 37 の分数の循環節は 12 種類です。

$1 \div 37$ の余りの列の数は，12 乗数を 37 で割った余りになるでしょうか。まず，

$$2^{12} = 4096 = 37 \times 110 + 26$$

となります。26 は，2^{12} を 37 で割った余りになっています。

$2^{12} = (37 \text{ の倍数}) + 26$ の両辺を 2 乗すると，

$$2^{24} = (37 \text{ の倍数}) + 26^2$$

となり，

$$26^2 = 676 = 37 \times 18 + 10$$

より，

$$2^{24} = (37 \text{ の倍数}) + 10$$

となります。$2^{24} = (2^2)^{12} = 4^{12}$ だから

$$4^{12} = (37 \text{ の倍数}) + 10$$

となることがわかります。

以上のことより，$1 \div 37$ の余りの列の数は，12 乗数を 37 で割った余りになります。このような数は，37 を法とする **12 乗剰余**と呼ばれています。

$p = 41$ のときは，

$$1 = 41 \times 0 + 1$$
$$10 = 41 \times 0 + 10$$
$$100 = 41 \times 2 + 18$$
$$180 = 41 \times 4 + 16$$
$$160 = 41 \times 3 + 37$$
$$370 = 41 \times 9 + 1$$

となり，$1 \div 41$ の余りの列が，

$$(1,) \ 10, \ 18, \ 16, \ 37, \ 1$$

となります。$\dfrac{1}{41}$ の循環節の長さは 5 で，分母が 41 の分数の循環節は 8 種類です。

$$2^8 = 256 = 41 \times 6 + 10$$

となります。

$$2^8 = (41 \text{ の倍数}) + 10$$

の両辺を n 乗すると,

$$2^{8n} = (41 \text{ の倍数}) + 10^n$$

となるので, $10^n \div 41$ の余りの列と, $2^{8n} \div 41 = (2^n)^8 \div 41$ の余りの列は等しくなります。そして $1 \div 41$ の余りの列は, $10^n \div 41$ の余りの列でした。したがって, $1 \div 41$ の余りの列は, 8 乗数を 41 で割った $(2^n)^8 \div 41$ の余りの列になります。このような数は, 41 を法とする **8 乗剰余**と呼ばれています。

p と互いに素な e 乗数を p で割った余りは, p を法とする ***e* 乗剰余**と呼ばれています。次の定理が成り立ちます。

> **定理 9.3.** $\dfrac{1}{p}$ の循環節の長さを d とし, 循環節の種類を e 個とする。このとき, $1 \div p$ の余りの列の数は, p を法とする e 乗剰余と等しい。

定理 9.3 は, p 未満の自然数のうち, 平方数, 立方数を一般化した e 乗数を p で割った余りが, $1 \div p$ の余りになることを示しています。これは, とてもふしぎなことです。

証明は本書のレベルを超えるので, 厳密にはできませんが,

$$r^e = (p \text{ の倍数}) + 10$$

を満たす自然数 r が存在することを示すことがポイントです。このような r が存在すれば, $1 \div p$ の余りの列と $10^n \div p$ の余りの列, さらには $(r^n)^e \div p$ の余りの列が等しくなります。

上の例では，$p=11$ のとき，$e=5$ で，

$$2^5 = (11 \text{ の倍数}) + 10$$

が成り立っています。

$p=37$ のときは，$e=12$ で，

$$4^{12} = (37 \text{ の倍数}) + 10$$

が成り立っています。

$p=41$ のとき，$e=8$ で，

$$2^8 = (41 \text{ の倍数}) + 10$$

が成り立っています。

$$r^e = (p \text{ の倍数}) + 10$$

を満たす自然数 r が存在することは，**オイラーの規準**と呼ばれる次の定理から得られます。

定理 9.4. p を素数とする。d を $p-1$ の約数とし，$p-1 = de$ とおく。a を p と互いに素な整数とする。このとき，

$$a^d = (p \text{ の倍数}) + 1$$

となることと，

$$r^e = (p \text{ の倍数}) + a$$

を満たす整数 r が存在することが同値である。

定理 9.4 における d は，$\frac{1}{p}$ の循環小数の循環節の長さだけでなく，一般に $p-1$ の約数について成り立ちます。

定理 9.4 で，$a = 10$ とおいて，$\frac{1}{p}$ の循環節の長さを d とすると，

$$10^d = (p \text{ の倍数}) + 1$$

となります。$p - 1 = de$ とすると，ラグランジュの定理 (定理 6.1)

$$p - 1 = (\text{循環節の種類}) \times (\text{循環節の長さ})$$

より，e は循環節の種類を表し，定理 9.4 より，

$$r^e = (p \text{ の倍数}) + 10$$

を満たす整数 r が存在します。

$1 \div p$ の余りの列は $10^n \div p$ の余りの列に等しく，さらに $(r^e)^n \div p = (r^n)^e \div p$ の余りの列に等しくなるので，$1 \div p$ の余りの列の数は，e 乗数を p で割った余りになります。

定理 9.4 は，p を法とする原始根が存在することから導かれます。このことは，次節で詳しく説明します。

9.3 原始根とは何か？

ここであらためて，原始根について考えてみましょう。

p と互いに素な自然数 g が，p を法とする原始根であるとは，$g^n \div p$ の余りに，p 未満の自然数がすべて現れることでした。

> **定理 9.5.** 任意の素数 p に対して，素数 p を法とする原始根 g が存在する。

本書の範囲では，定理 9.5 は証明できませんが，例で確かめましょう。

$p = 3$ のとき，2 が 3 を法とする原始根になります。

$$2^0 = 1 = 3 \times 0 + 1$$
$$2^1 = 2 = 3 \times 0 + 2$$

だから，$2^n \div 3$ の余りに，3 未満の自然数がすべて現れます。

$p = 5$ のとき，2 が 5 を法とする原始根になります。

$$2^0 = 1 = 5 \times 0 + 1$$
$$2^1 = 2 = 5 \times 0 + 2$$
$$2^2 = 4 = 5 \times 0 + 4$$
$$2^3 = 8 = 5 \times 1 + 3$$

だから，$2^n \div 5$ の余りに，5 未満の自然数がすべて現れます。

$p = 7$ のとき，10 が 7 を法とする原始根になります。$10^n \div 7$ の余りに 7 未満の自然数がすべて現れ，$\frac{1}{7}$ の循環節 142857 がダイヤル数になりました。

10 を 7 で割った余りは 3 だから，3 も 7 を法とする原始根です。なぜなら，$10 = 7 + 3$ だから，$10^n = (7 \text{ の倍数}) + 3^n$ となり，$10^n \div 7$ の余りと $3^n \div 7$ の余りが等しいからです。

原始根 g の定義より，p を法とする g の位数，つまり p が

第9章　$\frac{1}{13}$のもうひとつのふしぎ 〜オイラーの規準

$g^n - 1$ を割り切る最小の n は，$p-1$ になります。

> **定理 9.6.** g を素数 p を法とする原始根とする。このとき，p が $g^n - 1$ を割り切る最小の自然数 n は，$p-1$ である。

証明 g が p を法とする原始根なので，原始根の定義より，

$$g, \ g^2, \ g^3, \ \cdots, \ g^{p-1}$$

の各数を p で割った余りの数はすべて異なり，

$$1, \ 2, \ 3, \ \cdots, \ p-1$$

の $p-1$ 個です。

p が $g^n - 1$ を割り切る最小の自然数 n を d とすると，$d \leqq p-1$ が成り立ち，$g^d - 1 = (p \text{ の倍数})$ より，

$$g^d = (p \text{ の倍数}) + 1$$

となります。両辺に g をかけると，

$$g^{d+1} = (p \text{ の倍数}) + g$$

となります。このとき，g^{d+1} を p で割った余りと，g を p で割った余りが等しくなるので，$d+1 \geqq p$ です。

よって，$d = p-1$ がわかります。 □

> g を p を法とする原始根とするとき，どのような自然数 n に対して，p は $g^n - 1$ を割り切るでしょうか。

n が $p-1$ の倍数のとき，$n = k(p-1)$ とすると

$$g^n - 1 = g^{k(p-1)} - 1$$
$$= (g^{p-1} - 1)\{g^{(k-1)(p-1)} + g^{(k-2)(p-1)} + \cdots + g^{p-1} + 1\}$$

であり，p が $g^{p-1} - 1$ を割り切るので，

$$g^n - 1 = (p \text{ の倍数})$$

となります．したがって，n が $p-1$ の倍数のとき，p は $g^n - 1$ を割り切ります．

逆に，p が $g^n - 1$ を割り切るとします．n を $p-1$ で割って，$n = \ell(p-1) + r \ (0 \leqq r < p-1)$ とおくとき，

$$g^n - 1 = g^{\ell(p-1)}g^r - 1 = \{g^{\ell(p-1)} - 1\}g^r + (g^r - 1)$$

であり，$\ell(p-1)$ は $p-1$ の倍数なので，前半の証明より，p が $g^{\ell(p-1)} - 1$ を割り切ります．よって，

$$g^r - 1 = (p \text{ の倍数})$$

となります．定理 9.6 より，p が $g^n - 1$ を割り切る最小の n は $p-1$ だから，$r = 0$ となります．したがって，p が $g^n - 1$ を割り切るのは，$p-1$ が n を割り切るときです．

定理としてまとめましょう．

定理 9.7. p を素数とし，g を p を法とする原始根とする．このとき，p が $g^n - 1$ を割り切ることと，$p-1$ が n を割り切ることは同値である．

第9章　$\frac{1}{13}$ のもうひとつのふしぎ 〜オイラーの規準

定理 9.7 は，p を法とする原始根に限らず，p と互いに素な自然数 a に対して成り立ちます。つまり，

> p が $a^n - 1$ を割り切る最小の自然数 n を d とする。このとき，p が $a^n - 1$ を割り切ることと，d が n を割り切ることは同値である。

が成り立ちます。

定理 9.7 を用いて，定理 9.4

> p を素数とする。d を $p-1$ の約数とし，$p-1 = de$ とおく。a を p と互いに素な整数とする。このとき，
>
> $$a^d = (p \text{ の倍数}) + 1$$
>
> となることと，
>
> $$r^e = (p \text{ の倍数}) + a$$
>
> を満たす整数 r が存在することが同値である。

を示しましょう。

定理 9.4 の　証明

まず，$a^d = (p \text{ の倍数}) + 1$ から，$r^e = (p \text{ の倍数}) + 1$ を満たす整数 r が存在することをいいます。

g は原始根だから，$g^k = (p \text{ の倍数}) + a$ となる k が存在します。両辺を d 乗して

$$(g^k)^d = (p \text{ の倍数}) + a^d$$

となります。

$a^d = (p \text{ の倍数}) + 1$ より,

$$(g^k)^d = g^{kd} = (p \text{ の倍数}) + 1$$

が成り立ちます. したがって, 定理 9.7 より, $p-1$ が kd を割り切ります. $p-1 = ed$ だから, ed が kd を割るので, e が k を割り切ります. $k = me$ とおくと, $g^k = (p \text{ の倍数}) + a$ より,

$$(g^m)^e = g^{me} = (p \text{ の倍数}) + a$$

となり, $g^m = r$ とおくと,

$$r^e = (p \text{ の倍数}) + a$$

となります.

逆に, $r^e = (p \text{ の倍数}) + a$ のとき, 両辺を d 乗すると,

$$r^{ed} = (p \text{ の倍数}) + a^d$$

となります. $ed = p - 1$ だったので,

$$r^{p-1} = (p \text{ の倍数}) + a^d$$

となります. a が p と互いに素な整数だから, r は p で割り切れません. ここで, g は原始根だから,

$$g^m = (p \text{ の倍数}) + r$$

となる m が存在します. よって,

$$g^{m(p-1)} = (p \text{ の倍数}) + r^{p-1} = (p \text{ の倍数}) + a^d$$

となるので，両辺から 1 を引くと，

$$g^{m(p-1)} - 1 = (p \text{ の倍数}) + a^d - 1$$

となります。定理 9.7 より，p が $g^{m(p-1)} - 1$ を割り切るので，p は $a^d - 1$ を割り切ることがわかります。つまり，

$$a^d = (p \text{ の倍数}) + 1$$

が成り立ちます。 □

自然数を p で割った余り，p 未満の自然数 a は，p を法とする原始根 g を用いて，

$$g^n = (p \text{ の倍数}) + a$$

と表されます。この意味で，自然数を p で割った余りはめぐっています。

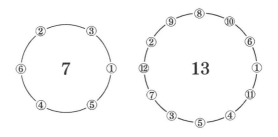

$\dfrac{1}{7}$ の循環節 142857 は「ダイヤル数」で，10 が p を法とする原始根になるときの $\dfrac{1}{p}$ の循環節でした。この場合，

$10^n \div p$ の余りがひとつずつめぐっています (左図)。

$\dfrac{1}{13}$ の循環節 076923 は，10 が p を法とする原始根の平方になるときの $\dfrac{1}{p}$ の循環節でした。この場合，$10^n \div p$ の余りがひとつおきにめぐっています (右図)。

一般に，$\dfrac{1}{p}$ の循環節の長さが d のとき，$e = \dfrac{p-1}{d}$ とおくと，オイラーの規準 (定理 9.4) を精密にして，$g^e = 10 + (p \text{の倍数})$ を満たす原始根 g が存在することが示されます。$g^n \div p$ の余りの列を円形に並べると，$10^n \div p$ の余りは，e 個の間隔でめぐります。自然数を p で割った余りの世界は，あたかも太陽をめぐる惑星のようです。

第10章 平方剰余と循環小数

p が 2 でも 5 でもない素数のとき，素数 p の逆数 $\dfrac{1}{p}$ の循環節の長さは，ラグランジュの定理より $p-1$ の約数になります。さらに，オイラーが予想して，ガウスが証明した平方剰余の相互法則や，ガウスが証明した 4 乗剰余の相互法則を用いると，より精密なことがわかります。

この章では，数論の美しい法則性を紹介していきます。

10.1　$10^m \pm 1$ の素因数

3.3 節では，$10^n - 1$ の素因数分解に着目し，$\dfrac{1}{p}$ の循環節の長さが与えられた自然数 d になる素数 p を求めました。3.4 節では，$10^n + 1$ の素因数分解に着目し，$\dfrac{1}{p}$ の循環節の長さが与えられた偶数 $2m$ になる素数 p を求めました。

このように，素数 p が $10^n - 1$ や $10^n + 1$ を割り切ることは，$\dfrac{1}{p}$ の循環節の長さに関係しています。

p を 2 でも 5 でもない素数とし，$p = 2m+1$ とおきます。このとき，$\dfrac{1}{p}$ の循環節の長さは $p-1$ の約数なので，p は

$$10^{p-1} - 1 = 10^{2m} - 1 = (10^m - 1)(10^m + 1)$$

を割り切ります。p は素数だから，p は

$$10^m - 1 \quad \text{または} \quad 10^m + 1$$

を割り切ります。しかし，両方を割り切ることはありません。なぜなら，p が $10^m + 1$ と $10^m - 1$ の両方を割り切れば，

$$(10^m + 1) - (10^m - 1) = 2$$

より，p が 2 を割り切ることになり，$p = 2$ となって，p が奇数の素数であることに矛盾するからです。

では，

> p は $10^m - 1$ と $10^m + 1$ のどちらを割り切るでしょうか。

早速，計算してみましょう。

$p = 3$ のとき，$p = 2m + 1 = 3$ より，$m = 1$ となります。3 は，

$$10^m - 1 = 10^1 - 1 = 9 = 3^2$$

を割り切ります。

$p = 7$ のとき，$p = 2m + 1 = 7$ より，$m = 3$ となります。7 は，

$$10^m + 1 = 10^3 + 1 = 1001 = 7 \times 11 \times 13$$

を割り切ります。

100 以下の 2 でも 5 でもない素数について，このような計算を続けると，次のようになります。

$10^m - 1$ を割り切る素数：

3, 13, 31, 37, 41, 43, 53, 67, 71, 79, 83, 89

$10^m + 1$ を割り切る素数：

7, 11, 17, 19, 23, 29, 47, 59, 61, 73, 97

これらの，$10^m \pm 1$ を割り切る素数の背後に深い法則があります。そしてこの法則が，循環小数の循環節の長さと関係します。これから，この法則を探っていきましょう。

10 の素因数 2 と 5 について，$2^m \pm 1$ を割り切る素数と $5^m \pm 1$ を割り切る素数に分けて考えます。

$$10^m - 1 = (2^m - 1)(5^m - 1) + (2^m - 1) + (5^m - 1)$$

だから，$2^m - 1$ と $5^m - 1$ を割り切る素数は，$10^m - 1$ を割り切ります。また，$2^m - 1$ と $5^m + 1$ を割り切る素数は，

$$10^m + 1 = (2^m - 1)(5^m + 1) - (2^m - 1) + (5^m + 1)$$

だから，$10^m + 1$ を割り切ります。

残りの場合も同様に考えると，$10^m \pm 1$ を割り切る素数の問題は，$2^m \pm 1$ を割り切る素数と $5^m \pm 1$ を割り切る素数の問題に分けられます。

$10 = 2 \times 5$ と素因数分解するように，$10^m \pm 1$ を割り切る素数の判定条件も，2 と 5 の場合に分かれるのです。

$10^m - 1$ を割り切る素数：

$2^m - 1$ と $5^m - 1$ を割り切る素数，

または，$2^m + 1$ と $5^m + 1$ を割り切る素数

$10^m + 1$ を割り切る素数：

$2^m - 1$ と $5^m + 1$ を割り切る素数，

または，2^m+1 と 5^m-1 を割り切る素数

ここで，奇数の素数 p は，2^m-1 または 2^m+1 のいずれか一方のみを割り切ります。このことは，$10^m\pm 1$ の場合と同様にして示すことができます。

また，p が 5 でない奇数の素数のときは，p は 5^m-1 または 5^m+1 のいずれか一方のみを割り切ります。

まず，$2^m\pm 1$ について考えましょう。

$p=3$ のとき，$p=2m+1=3$ より，$m=1$ となります。3 は，
$$2^m+1=2^1+1=3$$
を割り切ります。

$p=5$ のとき，$p=2m+1=5$ より，$m=2$ となります。5 は，
$$2^m+1=2^2+1=5$$
を割り切ります。

100 以下の奇数の素数について，このような計算を続けると，次のようになります。

2^m-1 を割り切る素数：
　　7, 17, 23, 31, 41, 47, 71, 73, 79, 89, 97

2^m+1 を割り切る素数：
　　3, 5, 11, 13, 19, 29, 37, 43, 53, 59, 61, 67, 83

ここに，どのような法則が存在しているでしょうか。

$5^m\pm 1$ についても計算しておきましょう。

$p=3$ のとき，$p=2m+1=3$ より，$m=1$ となりま

第10章 平方剰余と循環小数

す。3 は，

$$5^m + 1 = 5^1 + 1 = 6 = 2 \times 3$$

を割り切ります。

$p = 7$ のとき，$p = 2m + 1 = 7$ より，$m = 3$ となります。7 は，

$$5^m + 1 = 5^3 + 1 = 126 = 2 \times 3^2 \times 7$$

を割り切ります。

100 以下の 5 でない素数について，このような計算を続けると，次のようになります。

$5^m - 1$ を割り切る素数：
  11, 19, 29, 31, 41, 59, 61, 71, 79, 89

$5^m + 1$ を割り切る素数：
  3, 7, 13, 17, 23, 37, 43, 47, 53, 67, 73, 83, 97

ここに，どのような法則が存在するでしょうか。

$5^m \pm 1$ の場合は，はっきりとした法則性が現れています。1 の位に着目してください。

$5^m - 1$ を割り切る素数は 1 の位が 1 または 9，$5^m + 1$ を割り切る素数は 1 の位が 3 または 7 となっています。5 で割った余りに着目して，$5^m - 1$ を割り切る素数は 5 で割った余りが 1 または 4，$5^m + 1$ を割り切る素数は 5 で割った余りが 2 または 3 ということもできます。

逆に，5 で割った余りが 1 または 4 である素数は $5^m - 1$ を

割り切り，5 で割った余りが 2 または 3 である素数は 5^m+1 を割り切るようです。

では，$2^m \pm 1$ の場合の法則性はどうなっているのでしょうか．2 や $4=2^2$ で割った余りに着目するのでは，うまくいきません．

$8=2^3$ で割った余りを調べてみましょう．

2^m-1 を割り切る素数

$$7, 17, 23, 31, 41, 47, 71, 73, 79, 89, 97$$

を 8 で割った余りは，

$$7, 1, 7, 7, 1, 7, 7, 1, 7, 1, 1$$

です．

2^m+1 を割り切る素数

$$3, 5, 11, 13, 19, 29, 37, 43, 53, 59, 61, 67, 83$$

を 8 で割った余りは，

$$3, 5, 3, 5, 3, 5, 5, 3, 5, 3, 5, 3, 3$$

です．

鮮やかな規則性が浮かび上がりました．

2^m-1 を割り切る素数は 8 で割った余りが 1 または 7，2^m+1 を割り切る素数は 8 で割った余りが 3 または 5 になっています．

逆に，p が 8 で割って 1 または 7 余る素数ならば，p は 2^m-1 を割り切り，p が 8 で割って 3 または 5 余る素数ならば，p は 2^m+1 を割り切るようです．

このことは正しく，次の定理が成り立ちます。

> **定理 10.1.** p を奇数の素数とし，$p = 2m+1$ とおく。
> 素数 p が $2^m - 1$ を割り切ることと，p が 8 で割って 1 または 7 余る素数であることは同値である。また，素数 p が $2^m + 1$ を割り切ることと，p が 8 で割って 3 または 5 余る素数であることは同値である。

> **定理 10.2.** p を 2 でも 5 でもない素数とし，$p = 2m+1$ とおく。
> 素数 p が $5^m - 1$ を割り切ることと，p が 5 で割って 1 または 4 余る素数であることは同値である。また，p が $5^m + 1$ を割り切ることと，p が 5 で割って 2 または 3 余る素数であることは同値である。

これらの定理を使うと，8 で割って 1 または 7 余り，かつ 5 で割って 1 または 4 余る素数は，$2^m - 1$ と $5^m - 1$ を割り切り，

$$10^m - 1 = (2^m - 1)(5^m - 1) + (2^m - 1) + (5^m - 1)$$

を割り切ります。

他の場合も考えてみましょう。8 で割って 3 または 5 余り，かつ 5 で割って 2 または 3 余る素数は，$2^m + 1$ と $5^m + 1$ を割り切り，

$$10^m - 1 = (2^m + 1)(5^m + 1) - (2^m + 1) - (5^m + 1)$$

を割り切ります。

8で割って1または7余り，かつ5で割って2または3余る素数は，$2^m - 1$ と $5^m + 1$ を割り切り，

$$10^m + 1 = (2^m - 1)(5^m + 1) - (2^m - 1) + (5^m + 1)$$

を割り切ります。

8で割って3または5余り，かつ5で割って1または4余る素数は，$2^m + 1$ と $5^m - 1$ を割り切り，

$$10^m + 1 = (2^m + 1)(5^m - 1) + (2^m + 1) - (5^m - 1)$$

を割り切ります。

8で割った余りと5で割った余りの条件は，8と5の最小公倍数である40で割った余りの条件にまとめられます。

例として，8で割って1または7余り，5で割って1または4余る素数について考えましょう。

8で割って1または7余る自然数は，40で割って，余りが

$$1, 7, 9, 15, 17, 23, 25, 31, 33, 39$$

である自然数です。

このうち，5で割って1または4余る自然数は，40で割って，余りが

$$1, 9, 31, 39$$

である自然数となります。$40n + r$ を5で割った余りは，r を5で割った余りに等しいことからわかります。

したがって，8で割って1または7余り，5で割って1または4余る素数は，40で割って1, 9, 31, 39余る素数です。

同様にして，8で割って3または5余り，5で割って2または3余る素数は，40で割って3, 13, 27, 37余る素数であることがわかります。

したがって，$10^m - 1$ を割り切る素数は，40で割って1, 9, 31, 39余る素数と，40で割って3, 13, 27, 37余る素数を合わせたものになります。

残りの素数は $10^m + 1$ を割り切るので，$10^m + 1$ を割り切る素数は，40で割って7, 11, 17, 19, 21, 23, 29, 33余る素数です。

定理として書いておきましょう。

定理 10.3. p を2でも5でもない素数とし，$p = 2m + 1$ とおく。

素数 p が $10^m - 1$ を割り切ることと，p が $40n \pm 1$，$40n \pm 3$，$40n \pm 9$，$40n \pm 13$ の形の素数であることは同値である。また，p が $10^m + 1$ を割り切ることと，p が $40n \pm 7$，$40n \pm 11$，$40n \pm 17$，$40n \pm 19$ の形の素数であることは同値である。

これらの法則性は，$\dfrac{1}{p}$ の循環節の長さにどう関係するでしょうか。

まず，$\dfrac{1}{p}$ の循環節の長さ d は，p が $10^n - 1$ を割り切る最小の自然数 n でした。そして，$10^n \div p$ の余りは，d が n

を割り切るとき，1 になります．したがって，p が $10^m - 1$ を割り切ることと，d が m を割り切ることは同値です．

このことと，定理 10.3 より，次のことがわかります．

> **定理 10.4.** p を 2 でも 5 でもない素数とし，$p = 2m+1$ とおくとき，$\dfrac{1}{p}$ の循環節の長さ d が $m = \dfrac{p-1}{2}$ を割り切ることと，p が $40n \pm 1$, $40n \pm 3$, $40n \pm 9$, $40n \pm 13$ の形の素数であることは同値である．

$\dfrac{1}{p}$ の循環節の長さ d は $p-1$ の約数です．定理 10.4 の条件は，$\dfrac{1}{p}$ の循環節の長さが，$\dfrac{p-1}{2}$ の約数であるということです．

100 以下の素数 p に対し，$\dfrac{1}{p}$ の循環節の長さ d の表で，定理 10.4 を確認しましょう．$40n \pm 1$, $40n \pm 3$, $40n \pm 9$, $40n \pm 13$ の形の素数の列を太字にしています．

p	2	**3**	5	7	11	**13**	17	19	23
d	−	**1**	−	6	2	**6**	16	18	22
p	29	**31**	**37**	**41**	**43**	47	**53**	59	61
d	28	**15**	**3**	**5**	**21**	46	**13**	58	60
p	**67**	**71**	73	**79**	**83**	**89**	97		
d	**33**	**35**	8	**13**	**41**	**44**	96		

第10章 平方剰余と循環小数

確かに，定理 10.4 が成り立っています。

また，p が $10^m - 1$ を割り切らないとき，p は $10^m + 1$ を割り切ります。このとき，p.66 の定理 3.3 で示したように，$\dfrac{1}{p}$ の循環節の長さ d は偶数になりました。

したがって，このことと，定理 10.3 より，次の定理が成り立ちます。

> **定理 10.5.** p が $40n \pm 7$, $40n \pm 11$, $40n \pm 17$, $40n \pm 19$ の形の素数ならば，$\dfrac{1}{p}$ の循環節の長さは偶数になる。

100 以下の素数 p に対し，$\dfrac{1}{p}$ の循環節の長さ d の表で，定理 10.5 を確認しましょう．$40n \pm 7$, $40n \pm 11$, $40n \pm 17$, $40n \pm 19$ の形の素数の列を太字にしています．

p	2	3	5	**7**	**11**	13	**17**	**19**	**23**
d	−	1	−	**6**	**2**	6	**16**	**18**	**22**
p	**29**	31	37	41	43	**47**	53	**59**	**61**
d	**28**	15	3	5	21	**46**	13	**58**	**60**
p	67	71	**73**	79	83	89	**97**		
d	33	35	**8**	13	41	44	**96**		

確かに，定理 10.5 が成り立っています．

この表から，$\dfrac{1}{p}$ の循環節の長さが偶数になる 100 以下の

素数は,

7, 11, 13, 17, 19, 23, 29, 47, 59, 61, 73, 89, 97

の 13 個があることがわかります。そのうち, 定理 10.5 の条件を満たす素数が 11 個あり, 条件を満たさない素数は 13 と 89 の 2 つです。これらの素数の割合についてもわかっています。11.3 節で紹介します。

これまで, $p = 2m + 1$ の形の素数を考えてきましたが, 特に m が素数 q になる場合を考えてみましょう。p, q が素数で, $p = 2q + 1$ を満たす場合には, $\dfrac{1}{p}$ の循環節の長さが決まります。

定理 6.2

$\dfrac{1}{p}$ の循環節の長さは $p - 1$ の約数になる。

より, p が $10^n - 1$ を割り切る最小の自然数 n は, $p - 1$ の約数になります。$p = 2q + 1$ を満たす場合, $p - 1 = 2q$ だから, $p - 1$ の約数は 1, 2, q, $2q$ の 4 通りです。

一方, p が $10^n - 1$ を割り切る最小の自然数 n が, 1 または 2 になるのは,

$$10 - 1 = 9 = 3^2$$
$$10^2 - 1 = 3^2 \times 11$$

より, $p = 3$ または $p = 11$ のときです。

したがって, p が 3 でも 11 でもなければ, p が $10^n - 1$ を割り切る最小の自然数 n は, q または $2q$ のいずれかです。

$\dfrac{1}{p}$ の循環節の長さも，q または $2q$ のいずれかです。

$p = 2m+1$ の m を素数 q に制限したことで，p が 3 でも 11 でもなければ，$\dfrac{1}{p}$ の循環節の長さは，q, $2q$ の 2 通りになります。

そして，q か $2q$ のいずれであるかは，定理 10.4 を用いて判定できます。以下，この節の終わりまで，p は 2, 3, 5, 11 でないとします。

定理 10.6. p を 2, 3, 5, 11 でない素数とする。q を素数とし，$p = 2q+1$ が成り立つとする。

このとき，p が $40n \pm 1$, $40n \pm 3$, $40n \pm 9$, $40n \pm 13$ の形の素数ならば，$\dfrac{1}{p}$ の循環節の長さは $q = \dfrac{p-1}{2}$ である。

証明 $\dfrac{1}{p}$ の循環節の長さは，q または $2q$ のいずれかです。一方，定理 10.4 より，$\dfrac{1}{p}$ の循環節の長さは $q = \dfrac{p-1}{2}$ の約数です。

したがって，$\dfrac{1}{p}$ の循環節の長さは q です。 □

$1 \div p$ の割り算をしたり，$10^n - 1$ を素因数分解したりすることなく，p を 40 で割った余りを調べることで，$\dfrac{1}{p}$ の循環節の長さがわかることは驚きです。

例で確かめましょう。

定理 10.6 の条件を満たす 300 以下の素数 p について, $q = \dfrac{p-1}{2}$ と $\dfrac{1}{p}$ の循環節の長さ d を求めると, 次の表になります。

p	83	107	227
q	41	53	113
d	41	53	113

確かに, 定理 10.6 が成り立っています。

$\dfrac{1}{p}$ の循環節の長さが $q = \dfrac{p-1}{2}$ の約数にならない p についても, まとめておきましょう。

定理 10.7. p を 2, 3, 5, 11 でない素数とする。q を素数とし, $p = 2q + 1$ が成り立つとする。

このとき, p が $40n \pm 7$, $40n \pm 11$, $40n \pm 17$, $40n \pm 19$ の形の素数ならば, $\dfrac{1}{p}$ の循環節の長さは $2q = p - 1$ である。

証明 $\dfrac{1}{p}$ の循環節の長さは, q または $2q$ のいずれかです。一方, 定理 10.4 より, $\dfrac{1}{p}$ の循環節の長さは $q = \dfrac{p-1}{2}$ の約数にはなりません。

したがって, $\dfrac{1}{p}$ の循環節の長さは, $2q = p-1$ です。 □

この場合についても, 例で確かめましょう。

定理 10.7 の条件を満たす 100 以下の素数 p について，素数 q，循環節の長さ d を求めると，次の表になります．

p	7	23	47	59
q	3	11	23	29
d	6	22	46	58

確かに，定理 10.7 が成り立っています．

この節で見てきた現象の背景には，オイラーの規準や**平方剰余の相互法則**と呼ばれる深遠な理論があります．それぞれについて，次節で簡単に説明します．

10.2 平方剰余の相互法則

前節で調べた $10^m \pm 1$ の法則性は，意外なことに，2 次式 $x^2 - 10$ の素因数に関係しています．

$$\boxed{x^2 - 10\ (x = 1, 2, 3, \cdots)\ \text{の素因数を調べましょう．}}$$

$x = 1$ のとき，

$$1^2 - 10 = -9 = -3^2$$

となります．

$x = 2$ のとき，

$$2^2 - 10 = -6 = -2 \times 3$$

となります．

$x = 3$ のとき，

$$3^2 - 10 = -1$$

となります。

以下，この計算を続けると，

$$4^2 - 10 = 6 = 2 \times 3$$
$$5^2 - 10 = 15 = 3 \times 5$$
$$6^2 - 10 = 26 = 2 \times 13$$
$$7^2 - 10 = 39 = 3 \times 13$$
$$8^2 - 10 = 54 = 2 \times 3^3$$
$$9^2 - 10 = 71$$
$$10^2 - 10 = 90 = 2 \times 3^2 \times 5$$
$$11^2 - 10 = 111 = 3 \times 37$$
$$12^2 - 10 = 134 = 2 \times 67$$
$$13^2 - 10 = 159 = 3 \times 53$$
$$14^2 - 10 = 186 = 2 \times 3 \times 31$$
$$15^2 - 10 = 215 = 5 \times 43$$

となります。ここまでに現れた素数は，2 と 5 を除くと，

3, 13, 31, 37, 43, 53, 67, 71

です。ここに，どのような法則性があるでしょうか．実は，これらはすべて，$40n \pm 1$, $40n \pm 3$, $40n \pm 9$, $40n \pm 13$ の形の素数です．定理 10.3 より，すべて $10^m - 1$ を割り切る素数です．

100 以下の素数で，$10^m - 1$ を割り切る素数のうち，41,

79, 83, 89 が現れていませんが, $x^2 - 10$ の素因数の計算を続けていくと,

$$16^2 - 10 = 246 = 2 \times 3 \times 41$$
$$22^2 - 10 = 474 = 2 \times 3 \times 79$$
$$30^2 - 10 = 890 = 2 \times 5 \times 89$$
$$33^2 - 10 = 1079 = 13 \times 83$$

のように現れます。

$x^2 - 10$ に現れる素因数と $10^m - 1$ を割り切る素数は等しくなりそうです。

実は,次の定理が成り立ちます。

> **定理 10.8.** p を 2 でも 5 でもない素数とする。
> p が $x^2 - 10$ の素因数に現れることと, p が $40n \pm 1$, $40n \pm 3$, $40n \pm 9$, $40n \pm 13$ の形の素数であることは同値である。また, p が $x^2 - 10$ の素因数に現れないことと, p が $40n \pm 7$, $40n \pm 11$, $40n \pm 17$, $40n \pm 19$ の形の素数であることは同値である。

この定理 10.8 を,オイラーの規準 (定理 9.4) を使って書き直すと,定理 10.3 になります。このことを説明しましょう。

定理 9.4 において, p を奇数の素数とし, $e = 2$ とすると, $d = \dfrac{p-1}{2}$ となります。このとき,オイラーの規準の特別な場合である次の定理が成り立ちます。

> **定理 10.9.** p を奇数の素数とし，a を p と互いに素な整数とする。このとき，
>
> $$a^{\frac{p-1}{2}} = (p \text{ の倍数}) + 1$$
>
> となることと，
>
> ある整数 x に対して，p が $x^2 - a$ の素因数になる
>
> ことが同値である。

定理 10.9 において $a = 10$ とすると，定理 10.8 が定理 10.3 になることがわかります。

定理 10.8 の背後には，**平方剰余の相互法則**があります。平方剰余の相互法則は，2 次式 $x^2 - a$ ($x = 0, \pm 1, \pm 2, \cdots$) の素因数に現れる素数を完全に決定する法則で，オイラーによって見出され，ガウスによって証明されました。

たとえば，$a = 2, 5$ のとき $x^2 - 2, x^2 - 5$ に現れる素因数の法則は，以下のようになります。

> **定理 10.10.** p を奇数の素数とする。
>
> p が $x^2 - 2$ の素因数に現れることと，p が $8n + 1$, $8n + 7$ の形の素数であることは同値である。また，p が $x^2 - 2$ の素因数に現れないことと，p が $8n + 3$, $8n + 5$ の形の素数であることは同値である。

この定理は，**平方剰余の相互法則の第 2 補充法則**と呼ばれています．定理 10.9 において，$a = 2$ とおくと，定理 10.10 が定理 10.1 になります．

> **定理 10.11.** p を 2 でも 5 でもない素数とする．
> p が $x^2 - 5$ の素因数に現れることと，p が $5n+1$, $5n+4$ の形の素数であることは同値である．また，p が $x^2 - 5$ の素因数に現れないことと，p が $5n+2$, $5n+3$ の形の素数であることは同値である．

定理 10.9 において，$a = 5$ とおくと，定理 10.11 が定理 10.2 になります．

平方剰余の相互法則の第 2 補充法則が登場したので，第 1 補充法則も紹介しておきましょう．

> **定理 10.12.** p を奇数の素数とする．
> p が $x^2 + 1$ の素因数に現れることと，p が $4n+1$ の形の素数であることは同値である．また，p が $x^2 + 1$ の素因数に現れないことと，p が $4n+3$ の形の素数であることは同値である．

この定理が，**平方剰余の相互法則の第 1 補充法則**です．

p が奇数の素数のとき，定理 10.9 において，$a = -1$ とすれば定理 10.12 が導かれます．なぜなら，p が $x^2 - (-1) = x^2 + 1$ を割り切ること，p が $(-1)^{\frac{p-1}{2}} - 1$ を割り切ることと，p が $4n+1$ の形の素数になることは同値になるから

203

です。

　平方剰余の相互法則は，$x^2 - a$ の素因数の法則を完全にとらえている深い法則です。詳しくは，前著『素数が奏でる物語』をご覧ください。

第11章 4乗剰余と循環小数

$\dfrac{1}{p}$ の循環節の長さがいくらになるか,という法則性を見つけるのは,とても難しい問題です。そこで,$\dfrac{1}{p}$ の循環節の長さがどんな数の約数になるか,という問題を考えます。循環節の長さがいくらになるかという値の問題を約数の問題に変えると,そこに美しい法則性が浮かび上がります。

たとえば,p を 2 でも 5 でもない素数とするとき,$\dfrac{1}{p}$ の循環節の長さは $p-1$ の約数になります。この現象の背後には,ラグランジュの定理(定理 6.1)

$$p - 1 = (循環節の種類) \times (循環節の長さ)$$

がありました。

そして,10.1 節の定理 10.4 で見たように,$\dfrac{1}{p}$ の循環節の長さが $\dfrac{p-1}{2}$ の約数になることと,p を 40 で割った余りが,

1, 3, 9, 13, 27, 31, 37, 39

のいずれかに等しくなることが同値でした。

この現象の背後にあるのは,平方剰余の相互法則です。

この章では,次の問題を考えます。

> $\dfrac{1}{p}$ ($p \neq 2, 5$) の循環節の長さが $\dfrac{p-1}{4}$ の約数であるような素数 p は,どのような素数でしょうか。

この問題の背景には,**4乗剰余の相互法則**と呼ばれる定理があります。

11.1 フェルマーの平方和定理

$\dfrac{1}{p}$ ($p \neq 2, 5$) の循環節の長さを求めて,$\dfrac{p-1}{4}$ の約数になるかどうかを調べましょう。

$\dfrac{p-1}{4}$ の約数は,$\dfrac{p-1}{2}$ の約数です。$\dfrac{1}{p}$ の循環節の長さが $\dfrac{p-1}{2}$ の約数になることと,p を40で割った余りが,

1, 3, 9, 13, 27, 31, 37, 39

のいずれかに等しくなることが同値でした。

$\dfrac{p-1}{4}$ が整数になるような素数を考えるので,p は $4n+1$ の形の素数になります。したがって,p を40で割った余りが,

1, 9, 13, 37

のいずれかの素数を調べればよいことになります。

このような素数 p について,循環節の長さ d を表にします。

p	13	37	41	53	89	157	173	197
$\frac{p-1}{4}$	3	9	10	13	22	39	43	49
d	6	3	5	13	44	78	43	98

この表をまとめ直すと,

　　　長さ d が $\dfrac{p-1}{4}$ の約数になる素数 p は,

$$37,\ 41,\ 53,\ 173$$

　　　長さ d が $\dfrac{p-1}{4}$ の約数にならない素数 p は,

$$13,\ 89,\ 157,\ 197$$

となります。どのような法則性がひそんでいるでしょうか。

この法則性を見出すのは,とても難しい問題です。なぜなら,整数の範囲ではなく,ガウス整数と呼ばれる

$$a + bi\ (a,\ b\ は整数)$$

という形の数の性質を用いて表されるからです。$\dfrac{p-1}{4}$ の分母の 4 と,1 の 4 乗根

$$i\quad (i^2 = -1,\ i^4 = 1)$$

が対応しています。

本章では,可能なかぎり i を用いずに,整数の範囲で説明を続けます。

p が $4n+1$ の形の素数であるとき,

$$p = a^2 + b^2\quad (a,\ b\ は整数)$$

と分解することが知られています。まず,このことを確かめましょう。

$4n+1$ の形の素数は,

$$5, 13, 17, 29, 37, \cdots$$

となります。それぞれ,

$$5 = 1^2 + 2^2$$
$$13 = 2^2 + 3^2$$
$$17 = 1^2 + 4^2$$
$$29 = 2^2 + 5^2$$
$$37 = 1^2 + 6^2$$
$$\cdots$$

と分解します。この事実を定理として書いておきます。**フェルマーの平方和定理**と呼ばれる定理です。

定理 11.1. p が 2 であるか,または,$4n+1$ の形の素数であることと,$p = a^2 + b^2$ と平方数の和で表されることは同値である。

この分解は,ガウス整数の世界における素因数分解に対応します。たとえば,5 は素数ですが,ガウス整数の世界では素数ではなく,

$$5 = 1^2 + 2^2 = (1 + 2i)(1 - 2i)$$

と素因数分解します。本書ではガウス整数の話はできませんが,素数 p を平方和 $a^2 + b^2$ で表すことはガウス整数の素

因数分解 $p = (a+bi)(a-bi)$ に対応していて，a や b が満たす条件を調べることはガウス整数の世界における素数の形を調べることに対応しています．

p を $4n+1$ の形の素数とし，$p = a^2 + b^2$ と平方和で表されたとします．このとき，a と b の符号を変えることが可能ですし，a と b の順番を入れ替えても同じ分解になります．そこで，$b > 0$，かつ (a, b) を 4 で割った余りが $(1, 0)$ または $(3, 2)$ に等しいと仮定します．

このように仮定すると，分解は 1 通りになることがわかっています．$4n+1$ の形の素数 p を $p = a^2 + b^2$ と表すとき，(a, b) にこのような条件をつけることを，$4n+1$ の形の素数 p の**準素分解**といいます．

例で確かめましょう．$p = 5$ のとき，

$$5 = 1^2 + 2^2$$

と，2 つの平方数の和に分解します．(a, b) は，

$$(a, b) = (\pm 1, \pm 2), (\pm 2, \pm 1)$$

の 8 通りのとり方があります．$b > 0$ とすると，

$$(a, b) = (\pm 1, 2), (\pm 2, 1)$$

の 4 通りになり，このうち，4 で割った余りが $(1, 0)$ または $(3, 2)$ に等しい組み合わせは，

$$(a, b) = (-1, 2)$$

となります．ここで，-1 は $-1 = 4 \times (-1) + 3$ と考えて，

余りが 3 であるとみなします.

$p = 13$ のとき,
$$13 = 2^2 + 3^2$$
と, 2 つの平方数の和に分解します. (a, b) は $b > 0$ として,
$$(a, b) = (\pm 3, 2), (\pm 2, 3)$$
の 4 通りあり, 4 で割った余りが $(1, 0)$ または $(3, 2)$ に等しい組み合わせは,
$$(a, b) = (3, 2)$$
になります.

$p = 17$ のとき,
$$17 = 1^2 + 4^2$$
と, 2 つの平方数の和に分解します. (a, b) は $b > 0$ として,
$$(a, b) = (\pm 1, 4), (\pm 4, 1)$$
の 4 通りあり, 4 で割った余りが $(1, 0)$ または $(3, 2)$ に等しい組み合わせは,
$$(a, b) = (1, 4)$$
になります.

$\dfrac{1}{p}$ の循環節の長さが $\dfrac{p-1}{4}$ の約数になる条件として, 次の定理がわかっています.

第 11 章　4 乗剰余と循環小数

> **定理 11.2.** 　　p を $4n+1$ の形の素数とし, $p = a^2 + b^2$ を準素分解とする. このとき, $\dfrac{1}{p}$ の循環節の長さが $\dfrac{p-1}{4}$ の約数になる必要十分条件は, 次の (1) から (4) のいずれかの条件を満たすことである.
>
> (1) $b = (8 の倍数)$, かつ $b = (5 の倍数)$ を満たす.
> (2) $b - 4 = (8 の倍数)$, かつ $a = (5 の倍数)$ を満たす.
> (3) $b - 2a = (8 の倍数)$, かつ $a + b = (5 の倍数)$ を満たす.
> (4) $b + 2a = (8 の倍数)$, かつ $a - b = (5 の倍数)$ を満たす.

定理 11.2 の条件は, (a, b) を 8 で割った余りと (a, b) を 5 で割った余りで与えられているので, (a, b) を 40 で割った余りで与えられていることになります.

$\dfrac{1}{p}$ の循環節の長さが $\dfrac{p-1}{2}$ の約数になる必要十分条件は, p を 40 で割った余りで与えられました. そして, $\dfrac{1}{p}$ の循環節の長さが $\dfrac{p-1}{4}$ の約数になる必要十分条件は, $p = a^2 + b^2$ と分解したときに, (a, b) を 40 で割った余りで与えられます. 素数の条件が, 素数の分解の条件になっています.

100 以下の素数で, $\dfrac{1}{p}$ の循環節の長さが $\dfrac{p-1}{4}$ の約数になるのは,

$$37,\ 41,\ 53$$

です.

これら 3 つの素数について,定理 11.2 の条件が満たされていることを確認しましょう.

まず,$p = 37$ とします.

$$37 = 1^2 + 6^2$$

と分解し,準素分解,つまり,$b > 0$,かつ (a, b) を 4 で割った余りが $(1, 0)$ または $(3, 2)$ となる (a, b) は,

$$(a,\ b) = (-1,\ 6)$$

となります.このとき,定理 11.2 の条件 (3) の

$$b - 2a = 6 - 2(-1) = 8 = (8 \text{ の倍数})$$

と,

$$a + b = -1 + 6 = 5 = (5 \text{ の倍数})$$

が成り立っています.

次に,$p = 41$ とします.

$$41 = 4^2 + 5^2$$

と分解し,準素分解は,

$$(a,\ b) = (5,\ 4)$$

となります.このとき,定理 11.2 の条件 (2) の

$$b - 4 = 4 - 4 = 0 = (8 \text{ の倍数})$$

と，
$$a = 5 = (5 \text{の倍数})$$
が成り立っています。

最後に，$p = 53$ とします。
$$53 = 2^2 + 7^2$$
と分解し，準素分解は，
$$(a, b) = (7, 2)$$
となります。このとき，定理 11.2 の条件 (4) の
$$b + 2a = 2 + 2 \times 7 = 16 = (8 \text{の倍数})$$
と，
$$a - b = 7 - 2 = 5 = (5 \text{の倍数})$$
が成り立っています。

いずれも，定理 11.2 の条件を満たしていることが確かめられました。

100 以下の $4n + 1$ の形の素数で，$\dfrac{1}{p}$ の循環節の長さが $\dfrac{p-1}{4}$ の約数にならない素数は，
$$13, \ 89$$
でした。これら 2 つの素数について，定理 11.2 の条件が満たされないことを確認しましょう。

まず，$p = 13$ とします。

$$13 = 2^2 + 3^2$$

と分解し，準素分解は，

$$(a, b) = (3, 2)$$

となります。このとき，

$$a + b = 5 = (5 \text{ の倍数})$$

と，

$$b + 2a = 2 + 2 \times 3 = 8 = (8 \text{ の倍数})$$

が成り立っています。他の条件式は満たさないので，定理 11.2 の条件を満たさないことがわかります。

次に，$p = 89$ とします。

$$89 = 5^2 + 8^2$$

と分解し，準素分解は，

$$(a, b) = (5, 8)$$

となります。このとき，

$$b = 8 = (8 \text{ の倍数})$$

と，

$$a = 5 = (5 \text{ の倍数})$$

が成り立っています。他の条件式は満たさないので，定理 11.2 の条件を満たさないことがわかります。

いずれも，定理 11.2 の条件を満たしていないことが確かめられました。

このように，p を $4n+1$ の形の素数とするとき，$\dfrac{1}{p}$ の循環節の長さが $\dfrac{p-1}{4}$ の約数になるかどうかは，p の分解を調べればわかります。$1 \div p$ の計算なしに循環節の長さの性質がわかるのは驚きです。4 乗剰余の相互法則という数論の深い真実が，このようなことを可能にしてくれるのです。

11.2 4乗剰余の相互法則

定理 11.2 の背後には，4 乗剰余の相互法則がひそんでいます。4 乗剰余の相互法則とは，どのようなものなのでしょうか。$\dfrac{1}{p}$ の循環節の長さに関係する部分を簡単に説明したいと思います。

p を奇数の素数とし，

$$x^4 = (p \text{ の倍数}) + a$$

を満たす p と互いに素な自然数 x が存在するとき，a は p を法とする **4 乗剰余**である，といいます。p が $4n+3$ の形の素数の場合には，4 乗剰余と平方剰余が一致することがわかっています。したがって，p が $4n+1$ の形の場合が本質的な問題になります。

循環節の長さが $\dfrac{p-1}{4}$ の約数であることは，10 が p を法とする 4 乗剰余であることと関係しています。このことを紹介します。

$\dfrac{1}{p}$ の循環節の長さを d とします。d が $\dfrac{p-1}{4}$ の約数であるとき,

$$\frac{p-1}{4} = de$$

と書くと,

$$p - 1 = d \times 4e$$

となります。また,d は循環節の長さだから,p を法とする 10 の位数,つまり p が $10^n - 1$ を割り切る最小の自然数 n なので,

$$10^d = (p \text{ の倍数}) + 1$$

となります。ここで,オイラーの規準(定理 9.4)において,$a = 10$ とすると,

$$r^{4e} = (p \text{ の倍数}) + 10$$

を満たす r が存在します。$r^e = x$ とおくと,

$$x^4 = (p \text{ の倍数}) + 10$$

となって,10 は p を法とする 4 乗剰余であることがいえます。

このように,$\dfrac{1}{p}$ の循環節の長さが $\dfrac{p-1}{4}$ の約数であるような素数 p の現象が,p を法とする 4 乗剰余に関係しています。

与えられた自然数が p を法とする 4 乗剰余であるかどうかの法則性は,ガウスによって解明されており,**4 乗剰余の相互法則**と呼ばれています。

たとえば，2 が 4 乗剰余であるかどうかの法則性は，次のように表されます。

> **定理 11.3.** p を $4n+1$ の形の素数とし，$p = a^2 + b^2$ を準素分解とする。このとき，2 が p を法とする 4 乗剰余であることと，$b = (8 \text{ の倍数})$ であることは同値である。

準素分解とは，$b > 0$，かつ (a, b) を 4 で割った余りが $(1, 0)$ または $(3, 2)$ に等しい分解でした。

例として，$p = 89$ を確認すると，89 の準素分解は

$$89 = 5^2 + 8^2$$

となり，$a = 5$，$b = 8$ です。$b = (8 \text{ の倍数})$ を満たすので，定理 11.3 より，2 は 89 を法とする 4 乗剰余です。実際に，

$$5^4 = 625 = 89 \times 7 + 2 = (89 \text{ の倍数}) + 2$$

となります。

4 乗剰余の相互法則を用いて，10 が p を法とする 4 乗剰余であるかどうかの条件を求めると，定理 11.2 が導かれます。

4 乗剰余の相互法則は，ガウスによって探求された数論の深い理論です。

11.3 素数はめぐりつづける

ガウスは子供の頃，200 以下の素数と素数のべき乗の逆数を循環小数で表し，数表をつくりました。後年，1000 以下

にまで継続しています．200 までの数表は，ガウスが 1801 年に出版した『整数論』にも収められています．

1801 年にガウスは，

> 10 が p を法とする原始根になるような素数 p が無数に存在する．

と予想しました．この予想は，

> ダイヤル数を与えるような素数 p が無数に存在する．

といいかえられます．100 以下で，

$$7, 17, 19, 23, 29, 47, 59, 61, 97$$

の 9 個の素数が，10 を原始根にもちます．100 以下の素数は 25 個だから，36% にあたります．

10^n ごとに調べると，10 を原始根にもつ素数の割合は，

10^n	10	10^2	10^3	10^4	10^5	10^6	10^7
個数	1	9	60	467	3617	29500	248881
割合 (%)	25	36	35.7	37.9	37.7	37.5	37.4

となります．この割合は $n \to \infty$ とするときに，**アルチン定数**と呼ばれる値

$$C = \prod_{k=1}^{\infty}\left(1 - \frac{1}{p_k(p_k-1)}\right) = 0.37395581\cdots$$

に収束すると予想されています．ここで p_k は，k 番目の素

第11章 4乗剰余と循環小数

数です。$\prod_{k=1}^{\infty} a_k$ は数列の積を表す記号で,

$$\prod_{k=1}^{\infty} a_k = a_1 a_2 a_3 \cdots$$

と定めます。

1927 年に E・アルチンは,ガウスの予想を次のように一般化しました。

> 整数 a が ± 1 でも平方数でもないとき,a が p を法とする原始根になるような素数 p が無数に存在する。

この予想は,**アルチンの予想**と呼ばれています。

アルチン (1898-1962) はオーストリア出身の数学者で,代数的整数論において大きな功績を残しています。平方剰余の相互法則や 4 乗剰余の相互法則を高度に一般化した,アルチンの相互法則が知られています。

アルチンの予想も未解決の難問ですが,「一般リーマン予想」という大きな予想の下で,アルチンの予想が正しいことが,1967 年にフーリーによって示されました。

本書で,$\dfrac{1}{p}$ の循環節の長さが $\dfrac{p-1}{2}$ を割り切る素数は,

$$40n \pm 1, \quad 40n \pm 3, \quad 40n \pm 9, \quad 40n \pm 13$$

の形の素数であることを見ました。100 以下の素数では,

3, 13, 31, 37, 41, 43, 53, 67, 71, 79, 83, 89

の 12 個があります。100 以下の素数は 25 個だから，48％にあたります。ほぼ半分です。

10^n ごとに調べると，

10^n	10	10^2	10^3	10^4	10^5	10^6	10^7
個数	1	12	82	615	4778	39223	331994
割合 (％)	25	48	48.8	50.0	49.8	49.9	49.9

となります。$n \to \infty$ とするときに，この割合が $\dfrac{1}{2}$ に収束することが，ディリクレの算術級数定理と呼ばれている定理によって示されます。算術級数定理より，r を 40 と互いに素な 40 未満の自然数とすると，

$$\lim_{x \to \infty} \frac{(x \text{ 以下の } 40n+r \text{ の形の素数の個数})}{(x \text{ 以下の素数の個数})} = \frac{1}{16}$$

が成り立ちます。$40n + r$ の形の素数は，

$$40n \pm 1, \quad 40n \pm 3, \quad 40n \pm 9, \quad 40n \pm 13$$

の 8 種類あるので，$\dfrac{1}{16} \times 8 = \dfrac{1}{2}$ となります。

また，$\dfrac{1}{p}$ の循環節の長さが偶数になる素数 p の割合もわかっています。少なくとも，

$$40n \pm 7, \quad 40n \pm 11, \quad 40n \pm 17, \quad 40n \pm 19$$

の形の素数 p は，$\dfrac{1}{p}$ の循環節の長さが偶数になります。したがって，$\dfrac{1}{p}$ の循環節の長さが偶数になる素数 p の割合は，

50%より大きくなります。

100以下の素数で調べると,$\frac{1}{p}$の循環節の長さが偶数になる素数pは13個あります。52%です。

10^nごとに調べると,

10^n	10	10^2	10^3	10^4	10^5	10^6	10^7
個数	1	13	109	819	6394	52326	443162
割合 (%)	25	52	64.8	66.6	66.6	66.6	66.6

となります。$n \to \infty$とするときに,この割合が$\frac{2}{3}$に収束することが,「一般リーマン予想」という大きな予想が正しいという仮定の下で,知念宏司,村田玲音両氏によって示されています。両氏は,循環節の長さを4で割ったときの余りが0, 1, 2, 3のとき,それぞれ割合が$\frac{1}{3}$, $\frac{1}{6}$, $\frac{1}{3}$, $\frac{1}{6}$であることを証明しています。

このように,循環小数の問題は,数論の深い理論と結びついています。そして,現在でもまだまだわからないことのある魅力的な対象なのです。

エピローグ——2003 はめぐる

　本書はブルーバックスの第 2003 巻です。この 2003 も素数です。2003 はどのような個性をもっているでしょうか。
　まず，2003 は 3 つ子素数のうちのひとつになります。1997，1999，2003 が素数です。p，$p+2$，$p+4$ のいずれかは 3 の倍数になるので，3 つの数がすべて素数になるのは 3，5，7 に限ります。そこで，p，$p+2$，$p+6$ が素数のとき，あるいは p，$p+4$，$p+6$ が素数のとき，これら 3 つの素数の組を **3 つ子素数**と呼びます。2003 は p，$p+2$，$p+6$ の形の 3 つ子素数のひとつです。
　2003 はさらに，ソフィー・ジェルマン素数になっています。素数 p が**ソフィー・ジェルマン素数**であるとは，$2p+1$ も素数であるときにいいます。$p=2003$ のとき，$2p+1 = 2 \times 2003 + 1 = 4007$ が素数になります。
　この $2p+1$ という式は，定理 10.6，定理 10.7 で現れました。説明のため，定理 10.7 を p と q の文字を入れ替えて引用します。

> q を 2，3，5，11 でない素数とする。p を素数とし，$q = 2p+1$ が成り立つとする。このとき，q が $40n \pm 7$，$40n \pm 11$，$40n \pm 17$，$40n \pm 19$ の形の素数ならば，$\dfrac{1}{q}$ の循環節の長さは $2p = q-1$ である。

エピローグ——2003はめぐる

$q = 4007$ は

$$4007 = 40 \times 100 + 7$$

を満たすので，$40n + 7$ の形の素数です．したがって，定理10.7により，$\dfrac{1}{4007}$ の循環節の長さは4006になります．このとき，循環節はダイヤル数になります．

このように，$\dfrac{1}{4007}$ は $\dfrac{1}{7}$ と似た性質をもっています．

では，$\dfrac{1}{2003}$ の循環節の長さはどうなっているでしょうか．$m = \dfrac{2003 - 1}{2} = 1001$ とおきます．このとき，

$$m = 1001 = 7 \times 11 \times 13$$

だから，m は合成数です．$2003 = 40 \times 50 + 3$ で，2003 は $40n + 3$ の形の素数だから，定理10.4

> p を2でも5でもない素数とし，$p = 2m+1$ とおくとき，$\dfrac{1}{p}$ の循環節の長さ d が $m = \dfrac{p-1}{2}$ を割り切ることと，p が $40n \pm 1$，$40n \pm 3$，$40n \pm 9$，$40n \pm 13$ の形の素数であることは同値である．

を用いると，$\dfrac{1}{2003}$ の循環節の長さは，$m = 1001$ の約数であることがわかります．したがって，8通りある1001の約数

1，7，11，13，77，91，143，1001

のいずれかになります．

$\dfrac{1}{p}$ の循環節の長さが 20 以下になる素数は,3.3 節で調べました。p.61 の表 3.1 の関係する部分を書くと,

d	p
1	3
	$\cdots$
7	239, 4649
	$\cdots$
11	21649, 513239
	$\cdots$
13	53, 79, 265371653
	$\cdots$

となります。したがって,$\dfrac{1}{2003}$ の循環節の長さは 1,7,11,13 ではありません。

$$77,\ 91,\ 143,\ 1001$$

のいずれかになります。

確認のため,$\dfrac{1}{2003}$ の循環節の長さが 1,7,11,13 でないことを示しておきましょう。

$1 \div 2003$ の最初のほうを計算すると,

$$1 \div 2003 = 0 \cdots 1$$
$$10 \div 2003 = 0 \cdots 10 \qquad \cdots\cdots ②$$
$$100 \div 2003 = 0 \cdots 100$$
$$1000 \div 2003 = 0 \cdots 1000$$
$$10000 \div 2003 = 4 \cdots 1988$$
$$19880 \div 2003 = 9 \cdots 1853$$
$$18530 \div 2003 = 9 \cdots 503$$
$$5030 \div 2003 = 2 \cdots 1024 \qquad \cdots\cdots ⑧$$
$$10240 \div 2003 = 5 \cdots 225$$
$$2250 \div 2003 = 1 \cdots 247$$
$$2470 \div 2003 = 1 \cdots 467$$
$$4670 \div 2003 = 2 \cdots 664 \qquad \cdots\cdots ⑫$$
$$6640 \div 2003 = 3 \cdots 631$$
$$6310 \div 2003 = 3 \cdots 301 \qquad \cdots\cdots ⑭$$

となります。② 式,⑧ 式,⑫ 式,⑭ 式から,

$$10^1 = (2003 \text{ の倍数}) + 10$$
$$10^7 = (2003 \text{ の倍数}) + 1024$$
$$10^{11} = (2003 \text{ の倍数}) + 664$$
$$10^{13} = (2003 \text{ の倍数}) + 301$$

となり,2003 が $10^n - 1$ ($n = 1, 7, 11, 13$) を割り切らないことがわかります。

したがって,定理 3.2

p を 2 でも 5 でもない素数とする。このとき,$\dfrac{1}{p}$ は循環小数で表される。循環節の長さ d は,p が

$10^n - 1$ を割り切る最小の自然数 n に等しい。

より，$10^n - 1$ が 2003 で割り切れる最小の自然数 n が $\dfrac{1}{2003}$ の循環節の長さだから，1, 7, 11, 13 は $\dfrac{1}{2003}$ の循環節の長さにならないことがわかります。

さらに，コンピュータを用いてこの計算を続けると，

$$10^{77} = (2003 \text{ の倍数}) + 1916$$
$$10^{91} = (2003 \text{ の倍数}) + 523$$
$$10^{143} = (2003 \text{ の倍数}) + 485$$

となり，2003 が $10^n - 1$ ($n = 77, 91, 143$) を割り切らないことがわかります。

したがって，2003 が $10^n - 1$ を割り切る最小の自然数 n は $n = 1001$ になります。すなわち，$\dfrac{1}{2003}$ の循環節の長さは 1001 です。

2003 は $\dfrac{1}{p}$ の循環節の長さが $\dfrac{p-1}{2}$ になる素数 p だから，$\dfrac{1}{2003}$ は $\dfrac{1}{13}$ と似た性質をもっています。

以上のように，第 2003 巻に関係するソフィー・ジェルマン素数

$$2003$$

は，本書で中心的な役割を果たした

$$\frac{1}{7} = 0.\dot{1}4285\dot{7}, \quad \frac{1}{13} = 0.\dot{0}7692\dot{3}$$

と関係が深い素数であることがわかりました。

最後に，長さが 1001 になる $\dfrac{1}{2003}$ の循環節を見てみましょう。

$$\frac{1}{2003} = 0.\dot{0}004992511233150274588११७८२३२६$$
5102346480279580629056415376934598102845
7314028956565152271592611083374937593609
5856215676485272091862206689965052421367
9480778831752371442835746380429355966050
9236145781328007988017973040439340988517
2241637543684473290064902646030953569645
5317024463305042436345481777333999001497
7533699450823764353469795307039440838741
8871692461308037943085371942086869695456
8147778332501248127808287568647029455816
2755866200698951572641038442336495257114
3285072391412880678981527708437343984023
9640539191213180229655516724912631053419
8701947079380928607089365951073389915127
3090364453320019970044932601098352471293
0604093859211183225162256615077383924113
8292561158262606090863704443334997503744
3834248627059410883674488267598602096854
7179231153270094857713429855217174238642
0369445831253120319520718921617573639540
6889665501747378931602596105841238142785
8212680978532201697453819271093359960059
9101347980329505741387918122815776333549
6754867698452321517723414877683474787818
27259111333˙

関連図書

本書の執筆にあたり以下の文献を参考にしました.

[1] 足立恒雄, 数とは何か, 共立出版 (2011)

[2] F. カジョリ, 小倉金之助補訳, 復刻版 カジョリ 初等数学史, 共立出版 (1997)

[3] K. Chinen and L. Murata, On a distribution property of the residual order of $a \pmod{p}$ - II, Journal of Number Theory 105 (2004), 82-100.

[4] L. E. Dickson, History of the Theory of Numbers, Volume I, the Carnegie Institution of Washington (1919), Dover (2005).

[5] イー・ヤー・デップマン, 藤川誠訳, 算数の文化史, 現代工学社 (1986)

[6] J. C. F. ガウス, 高瀬正仁訳, ガウス数論論文集, ちくま学芸文庫 (2012)

[7] B. D. Ginsberg, Midy's (Nearly) Secret Theorem - An Extension After 165 Years, College Mathematics Journal, 35 (2004), 26-30.

[8] 濱名正道, 循環小数の一性質——Midyの定理とその一般化——, http://www.sci.u-toyama.ac.jp/topics/files/topics16.pdf

[9] 飯高茂, 環論,これはおもしろい, 共立出版 (2013)

[10] 落合理, 数の世界の散歩道, 数学セミナー 2016 年 4 月号, 日本評論社

[11] H. ラーデマッヘル, O. テープリッツ, 山崎三郎, 鹿野健訳, 数と図形, ちくま学芸文庫 (2010) 237

[12] 西来路文朗, 清水健一, 素数が奏でる物語, 講談社ブルーバックス (2015)

[13] 高木貞治, 初等整数論講義 第 2 版, 共立出版 (1971)

[14] 高瀬正仁, ガウスの数論, ちくま学芸文庫 (2011)

さくいん

【人名】

アルチン, E	219
ウォリス	159
オイラー	164, 185, 202
ガウス	164, 202, 217
ギンスベルク	78
ステヴィン	158
知念宏司	221
ディクソン	82
ディリクレ	220
ネピア	158
フェルマー	110
フーリー	219
ベックレル	159
ベルヌーイ, J	62
マルディニ	82
ミディ	71
村田玲音	221
ライプニッツ	83, 159
ラグランジュ	106
リーマン	219
劉徽	158

【アルファベット・数字】

e 乗剰余	175
e 乗数	175
『10進分数論』	158
10進法	81, 158
10の逆数	130
12乗剰余	174
2等分和	26, 68

3つ子素数	222	位数	58, 216
3等分和	26, 68	一般リーマン予想	219
4乗剰余	215	エジプト分数表記	158

4乗剰余の相互法則
　　　185, 215, 216

オイラーの規準
　　　164, 176, 199, 216

5乗剰余	173	黄金定理	162, 164
6等分和	26		
8乗剰余	175		
9の倍数の判定条件	26		

【か行】

【あ行】

余り	15, 39	ガウス整数	207

ガウス整数の世界における
　素因数分解　　　208

余りの列	28, 39, 53,	逆数	15, 141
	135, 163, 171	『九章算術』	158
余りの列の関係式	41	ギンスベルクの定理	78
アラビア数字の発見	158		

(循環節の)グループの個数
　　　　　　　　　　105

アルチン定数	218	群論	106
アルチンの相互法則	219	原始根	116, 177, 218
アルチンの予想	219	合成数	141

【さ行】

最小公倍数	145
指数表	116
自然数	14, 141, 159, 163, 177
巡回	72
循環小数	15, 35, 141, 159
循環節	15, 86, 132, 171
循環節の1の位	120
循環節の種類	106
循環節の長さ	32, 86, 105, 106, 132, 168, 171, 185, 216
準素分解	209
小数	47, 158
商の列	39, 53, 135, 163
商の列の関係式	41
『新算術』	159
『数論の歴史』	82
『整数論』	218
零の発見	158
素因数	59, 145
素因数分解	59, 145
素数	14
ソフィー・ジェルマン素数	222

【た・な行】

対数	158
『代数学』	159
対数表	158
ダイヤル数	28, 35, 86, 132, 171, 218
互いに素	83, 145, 177
底	110, 158
ディリクレの算術級数定理	220

等差数列	153	平方数	163, 175, 208
等比数列	126	法	58, 116, 130, 165, 167, 172, 177, 216
ネピア数	158	『棒計算術』	158
		ミディの定理	71

【は・ま行】

フェルマーの小定理	110		
フェルマーの平方和定理	206, 208		

【や・ら行】

分数	35, 47, 97	有限小数	49, 141
分数の個数	106	ラグランジュの定理	106, 151, 185, 205
平方剰余	165, 167, 168, 171	立方数	175
平方剰余の相互法則	164, 185, 199, 202, 205	連続量	159
平方剰余の相互法則の第1補充法則	203		
平方剰余の相互法則の第2補充法則	203		
平方非剰余	167		

N.D.C.412　235p　18cm

ブルーバックス　B-2003

素数はめぐる
循環小数で語る数論の世界

2017年2月20日　第1刷発行
2024年10月4日　第4刷発行

著者	西来路文朗 清水健一
発行者	篠木和久
発行所	株式会社講談社 〒112-8001 東京都文京区音羽2-12-21
電話	出版　03-5395-3524 販売　03-5395-4415 業務　03-5395-3615
印刷所	(本文表紙印刷) 株式会社KPSプロダクツ (カバー印刷) 信毎書籍印刷株式会社
本文データ制作	藤原印刷株式会社
製本所	株式会社KPSプロダクツ

定価はカバーに表示してあります。
©西来路文朗・清水健一　2017, Printed in Japan
落丁本・乱丁本は購入書店名を明記のうえ、小社業務宛にお送りください。送料小社負担にてお取替えします。なお、この本についてのお問い合わせは、ブルーバックス宛にお願いいたします。
本書のコピー、スキャン、デジタル化等の無断複製は著作権法上での例外を除き禁じられています。本書を代行業者等の第三者に依頼してスキャンやデジタル化することはたとえ個人や家庭内の利用でも著作権法違反です。
R〈日本複製権センター委託出版物〉複写を希望される場合は、日本複製権センター（電話03-6809-1281）にご連絡ください。

ISBN978-4-06-502003-6

発刊のことば

科学をあなたのポケットに

二十世紀最大の特色は、それが科学時代であるということです。科学は日に日に進歩を続け、止まるところを知りません。ひと昔前の夢物語もどんどん現実化しており、今やわれわれの生活のすべてが、科学によってゆり動かされているといっても過言ではないでしょう。

そのような背景を考えれば、学者や学生はもちろん、産業人も、セールスマンも、ジャーナリストも、家庭の主婦も、みんなが科学を知らなければ、時代の流れに逆らうことになるでしょう。

ブルーバックス発刊の意義と必然性はそこにあります。このシリーズは、読む人に科学的に物を考える習慣と、科学的に物を見る目を養っていただくことを最大の目標にしています。そのためには、単に原理や法則の解説に終始するのではなくて、政治や経済など、社会科学や人文科学にも関連させて、広い視野から問題を追究していきます。科学はむずかしいという先入観を改める表現と構成、それも類書にないブルーバックスの特色であると信じます。

一九六三年九月

野間省一

「数論の世界」を旅する好評既刊

問題の背後にひそむ 「美しき数たち」。

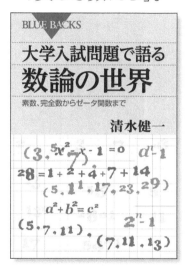

自分自身以外の約数の和がその数になっている「完全数」。
単純な規則から驚きの数列が生まれる「フィボナッチ数」。
「ピタゴラスの定理」と面積157の直角三角形の秘密。
リーマン予想につながる「ゼータ関数」。

良質な大学入試問題を手がかりに、魅惑あふれる数論の世界に分け入る――。

ブルーバックス

「数論の世界」を旅する好評既刊

「素数を二分する」数列に導かれて、巨人たちが魅了された「数の宇宙」へ。

無数に存在する素数は、偶数である2を除いて、すべて2種類に分類される。
「4で割って1余る素数」と「4で割って3余る素数」。
一方は「2つの整数の平方和」で表せるが、他方は表せない。
一方は x^2+1 の素因数に必ず現れるが、他方は現れない。

2つの等差数列
$\{4n+1\}$、$\{4n+3\}$ が紡ぎ出す「素数の神秘」。